# 复杂未知环境中移动机器人 SLAM技术及应用

徐巍军　著

ZHEJIANG UNIVERSITY PRESS
浙江大学出版社
·杭州·

图书在版编目（CIP）数据

复杂未知环境中移动机器人 SLAM 技术及应用／徐巍
军著. -- 杭州：浙江大学出版社，2024.8(2025.4 重印)
　ISBN 978-7-308-23182-4

　Ⅰ. ①复… Ⅱ. ①徐… Ⅲ. ①移动式机器人-研究
Ⅳ. ①TP242

　中国版本图书馆 CIP 数据核字(2022)第 194140 号

## 复杂未知环境中移动机器人 SLAM 技术及应用

徐巍军　著

| | |
|---|---|
| **责任编辑** | 张凌静 |
| **责任校对** | 殷晓彤 |
| **封面设计** | 周　灵 |
| **出版发行** | 浙江大学出版社 |
| | （杭州市天目山路 148 号　邮政编码 310007） |
| | （网址：http://www.zjupress.com） |
| **排　　版** | 杭州晨特广告有限公司 |
| **印　　刷** | 广东虎彩云印刷有限公司绍兴分公司 |
| **开　　本** | 710mm×1000mm　1/16 |
| **印　　张** | 13.25 |
| **字　　数** | 205 千 |
| **版 印 次** | 2024 年 8 月第 1 版　2025 年 4 月第 2 次印刷 |
| **书　　号** | ISBN 978-7-308-23182-4 |
| **定　　价** | 78.00 元 |

# 前　言

　　智能机器人融合了传感器技术、电子信息技术、自动控制技术以及人工智能技术等多门学科的研究成果,被视为改变未来世界的颠覆性科技之一。移动机器人因其机动性和灵活性,在可代替人类在危险、恶劣的环境下进行作业等方面具有广阔的应用前景,因而受到了研究者们的普遍关注。为了实现移动机器人在复杂未知环境下,不经过人工干预而顺利完成特定作业任务,移动机器人必须具备自主导航的能力。移动机器人完整的自主导航过程通常可抽象为三个基本子问题:我现处何处? 我想要往何处走? 我该如何到达那里? 从本质上来说,上述子问题分别对应自主移动机器人应该具备的自我定位、任务规划及路径规划三个不同层面的能力,而解决这些问题的关键前提是移动机器人能够通过携带的内部、外部传感器对自身姿态进行估计,并且同时对未知环境进行地图描述。环境地图的准确性依赖于机器人姿态估计的精度,而姿态估计的实现又以准确的环境地图为前提。移动机器人同时定位与地图创建(simultaneous localization and mapping,SLAM)概念的提出正是为了充分利用定位与地图创建两者之间的相关性,在没有先验环境地图信息及全球定位系统(Global Positioning System,GPS)等辅助定位设备的情形下,实现未知环境的增量式地图创建以及自身姿态的在线估计。

　　SLAM 本质上可看作一个多维非线性随机状态估计问题,以概率论为基础的贝叶斯滤波估计技术已成为求解此类问题的最理想工具。然而,由于移动机器人的实际作业环境中存在各种不确定因素,其测量系统噪声往往具有非高斯重尾分布或者参数先验信息未知等特性。在这些复杂未知环境下,传统的基于贝叶斯滤波估计技术的 SLAM 算法的性能受到了严重影响,其定位精度、地图准确性和计算效率无法满足实际应用的需求。本书结合笔者多年来的相关研究成果,对基于高斯滤波器、粒子滤波器和概率假设密度滤波器的 SLAM 算法进行了针对性的改进研究,以提高移动机器人在实际应用中的适应能力。本书共分为 6 章。第 1 章主要介绍国内外移动机器人 SLAM 技术的发展及应用概况，并对基于贝叶斯估计理论的 SLAM 算法的研究现状进行分类综述。第 2 章系统地介绍基于概率模型的机器人同时定位与地图创建算法的原理框架，为后续改进算法的研究工作提供了理论基础。第 3 章主要将线性回归鲁棒估计思想与贝叶斯滤波技术进行有机结合，并对非线性滤波技术进行分类、对典型算法进行介绍，最后对测量系统的噪声为非高斯重尾分布时的 SLAM 问题进行研究。第 4 章系统地介绍基于蒙特卡罗采样的粒子滤波方法，并分析影响其估计性能的关键因素与改进对策，最后对 FastSLAM 算法中采样粒子质量差和计算效率低的问题进行研究。第 5 章主要将基于随机有限集建模的 SLAM 与变分贝叶斯估计理论进行有机结合，并对环境中同时存在杂波干扰和未知测量噪声方差的 SLAM 问题展开研究。第 6 章对本书的主要研究成果和创新点进行了总结，并对下一步的研究方向和任务作出展望。

本书的出版受到了国家重点研发计划课题（2019YFB1310305、2021YFB3203005）、国家高技术研究发展计划课题（2012AA09A404），以及中国大洋"十三五"资源环境调查课题（DY21016G）等的联合资助。此外，在本书编写及出版过程中，得到了笔者所在单位自然资源部第二海洋研究所以及自然资源部海底科学重点实验室等相关领导及同事的指导与支持，在此一并表示诚挚的谢意！

由于笔者的学术水平有限，书中难免存在不妥甚至错误之处，敬请各位专家和读者批评指正。

徐巍军

2022 年 5 月

# 目 录

# 第1章 移动机器人 SLAM 技术概述

## 1.1 引 言

    智能机器人融合了传感器技术、电子信息技术、自动控制技术以及人工智能技术等多门学科的研究成果，被视为改变未来世界的颠覆性科技之一[1]。移动机器人作为智能机器人的重要分支，更是在诸如制造工业、国防军事、航天航空、卫生医疗、家庭服务等领域得到了广泛的应用，并逐渐改变着人们的日常工作与生活方式。在 21 世纪的新一轮前沿科技博弈中，机器人技术已经成为世界各国角力的重点之一，进而上升为科技发展的国家战略和经济发展的新引擎。美国为了抢占智能机器人发展的制高点，从 2011 年就开始推行"先进制造伙伴计划（Advanced Manufacturing Partnership, AMP）"，凭借其在信息网络技术领域的优势，投资 28 亿美元用于开发基于移动互联技术的新一代智能机器人。欧盟委员会与欧洲机器人协会在 2014 年共同宣布并推出名为"星火"（SPARC）的民用机器人研究与创新计划，致力于研发工业、农业、医疗、运输、民事安全、制造业和家政等领域的应用型机器人。日本制定了关于机器人技术的长期发展战略，将机器人产业作为"新产业发展战略"中重点扶持的产业之一并加大投入，仅在类人型机器人领域就计划在 10 年内投资 3.5 亿美元。韩国在 2012 年发布了"机器人未来战略展望 2022"，重点开发例如灾难救援和健康护理等具有发展潜力的机器人，以奠定其在大型研发项目上的全球领先地位。近年来，我国也高度重视机器人技术的研究与应用，在 2012 年 4月出台了"智能制造科技发展'十二五'重点专项规划"，重点发展公共安全机器人、医疗康复机器人、仿生机器人平台和模块化核心部件等四大方向。2016年8月，国务院印发"十三五"国家科技创新规划，提出面向2030年部署启动新的重大科技项目，力争在智能制造和机器人等重点方向率先突破，有力支撑"中国制造2025"等国家战略的实施。

移动机器人是一类具备高机动性和灵活性的智能机器人，其作业方式和应用场景相对其他机器人也更为丰富。在移动机器人的研究中，在很多情况下都要求机器人从一个地方自主、安全地运动到另一个地方，因此，为了能够有效地探索未知区域并顺利完成给定任务，机器人必须具有自主导航的能力。Durrant-Whyte[2]将移动机器人导航问题抽象总结为机器人自我定位、任务规划以及路径规划等三个基本问题。在上述问题中，机器人精确的定位是以环境地图为基础的，然而在环境地图的重建过程中，必须知道机器人在各个测量点的精确位置。为了使得机器人在未知环境中有效地进行环境探测，需要同时维护机器人定位和地图重建两个模型，由此便引出移动机器人同时定位与地图重建（SLAM）的概念。移动机器人SLAM技术是移动机器人系统最基本、最重要的一项功能，因而它被广泛认为是机器人学界的"圣杯"[3]。

近年来，SLAM相关问题已经成为移动机器人领域的热点研究课题之一，众多科研机构和研究人员广泛参与SLAM算法的研究。英国牛津大学主动视觉研究小组（Active Vision Group）、剑桥大学计算机视觉与机器人技术研究小组（Computer Vision and Robotics Group）、伦敦帝国理工学院机器人视觉研究小组（Robot Vision Group）以及西班牙萨拉戈萨大学机器人技术与实时研究小组（Robotics and Real Time Group），利用计算机视觉理论和贝叶斯滤波算法，建立了室内环境下实时的基于单目视觉的SLAM算法框架[4-7]。德国弗雷堡大学自主智能系统实验室（Laboratory for Autonomous Intelligent Systems）与慕尼黑理工大学计算机视觉研究小组（Computer Vision Group），致力于开发高效的基于图优化理论的SLAM算法，并成功将其用于处理由微软Kinect体感传感器采集的RGB-D数据[8, 9]。美国卡内基梅隆大学的野外机器人技术中心（Field Robotics Center）和澳大利亚悉尼大学野外机器人技术澳洲研究中心（Australian Centre for Field Robotics），均在室外、水下、空中及外太空等大尺度环境下的移动机器人 SLAM 算法理论与应用方面取得了丰硕成果[10-13]。此外，新加坡南洋理工大学的 John Mullane、西澳大利亚大学的 Ba-Ngu Vo 以及智利大学的 Martin Adams，将随机有限集理论用于 SLAM 问题的建模[14, 15]，为 SLAM 理论研究开辟了新的方向。为了提高我国在移动机器人自主导航领域的竞争力和影响力，国防科学技术大学、浙江大学、哈尔滨工业大学、中南大学和中国科学院沈阳自动化研究所等高校院所的科研团队也深入开展了机器人 SLAM 算法理论研究及实践应用。

## 1.2 SLAM 技术发展及应用现状

### 1.2.1 国外 SLAM 技术发展及应用现状

SLAM 的概念最早源于 20 世纪 80 年代一款被称作"Rogue"的电脑游戏。在游戏中玩家通过控制游戏人物的运动，在随机生成的虚拟城堡中寻找宝藏并躲避怪物的袭击。在游戏过程中，随着对城堡进行连续的递进式探索，玩家掌握的城堡地图也不断扩大，游戏人物可以轻易地按照预先规划的避障路径顺利完成寻宝任务。此后不久，利用人工智能算法的电脑程序"Rogomatic"被成功开发出来，以代替人类自动完成这一系列过程，由此激发了研究者们尝试开发用于真实机器人在未知环境中的自主导航技术。在过去的 20 年间，移动机器人 SLAM 技术的理论研究取得了快速的发展，SLAM 技术的实际应用环境也随之从最早的陆地区域拓展到了更为复杂的水下、空中，甚至太空与生物体内部等其他应用。

**（1）陆地应用**

SLAM 技术在陆地环境中的典型应用主要包括地面无人驾驶汽车、室内人形机器人、家庭服务机器人以及地下勘测机器人等。如图 1.1（a）所示，在 2005 年美国国防部高级研究计划研究局（Defense Advanced Research Projects Agency, DARPA）举办的无人驾驶机器人超级挑战赛中，由美国斯坦福大学人工智能实验室赛车小组开发的 Stanley 自动无人驾驶汽车[16]，携带激光测距仪、彩色摄像机、惯性传感器、GPS 等辅助设备，成功越野行驶了 212 千米并获得此项赛事的冠军。如图 1.1（b）所示，由日本本田技研工业株式会社研制的 ASIMO 人形机器人[17]在自动行走过程中能够利用红外线传感器、CCD 摄像机以及超音波感应器，实时决策下一个安全动作，从而躲避存在于黑暗环境中的障碍物。如图 1.1（c）所示，由美国移动机器人制造商 iRobot 公司研发的最新一代智能扫地机器人 Roomba 780，其内部装载的传感器会将收集到的室内环境数据发送到机器人的微处理器单元，随后完成自主导航和清扫房间的任务[18]。如图 1.1（d）所示，一台装有高清摄像机的地下勘测机器人帮助考古学家对拥有 2000 多年历史的墨西哥特奥蒂瓦坎金字塔进行了内部探测与场景重建，其考古发现有助于人们了解中美洲大都市建造者们的神秘生活。

（a）

（b）

（c）

（d）

图 1.1　陆地应用示例
（a）Stanley 自动无人驾驶汽车　（b）ASIMO 人形机器人
（c）Roomba 780 扫地机器人　　（d）地下考古勘测机器人

## （2）水下应用

自主水下航行器（autonomous underwater vehicle, AUV）是 SLAM 技术在大洋、湖泊等水下环境中的主要典型应用。图 1.2（a）所示为澳大利亚悉尼大学野外机器人研究中心的研究人员[19]在伍兹霍尔海洋研究所的原型 Seabed 平台[20]上经过改进研制的 AUV，取名为 Sirius。该 AUV 配备了包括一对带闪光灯功能的高分辨率立体相机、多波束扫描成像声呐、多普勒计程仪（DVL）、超短基线水声定位系统（USBL）以及前视避障声呐，成功完成了对大西洋热液口区域测深地图的绘制。2013 年，美国 Bluefin 机器人公司与哥伦比亚集团（Columbia Group）为美国海军设计了一种直径为 64 英寸（约 163 厘米）的两用无人水下载具 Proteus[21]，如图 1.2（b）所示，其拥有充足的空间来搭载多名"海豹"突击队员，并且可以利用水下自主导航技术执行长时间的无人任务。

(a)  (b)

图 1.2  水下应用示例

（a）悉尼大学自主水下航行器 Sirius  （b）美国海军无人水下载具 Proteus

## （3）空中应用

无人机是无人驾驶飞机（unmanned aerial vehicle, UAV）的简称，又被称为空中机器人。它配备有各种机载设备，可以由操作人员进行远程遥控来完成任务，也可按照预先设定好的程序自动执行空中漫游任务。图 1.3（a）中所示的美国 RQ-4A "全球鹰"高空远程无人飞行器[22]是目前为止全世界最先进的无人机之一，机上载有合成孔径雷达、电视摄像机、红外探测器等设备，可实现全天候对地面目标的侦测任务。如图 1.3（b）所示，由德国 MicroDrones 公司设计制造的 MD4-200[23]是一种能够垂直起降的四旋翼无人飞行器，通过融合机载陀螺仪、加速度计、方向传感器、高度传感器及 GPS 定位系统等信息进行姿态检测和控制，可应用于自然灾害监测、环境保护及地形地貌测绘等多个领域。

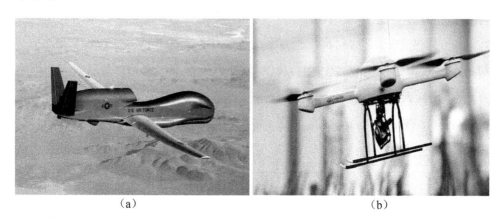

（a） （b）

图 1.3　空中应用示例

（a）美国空军"全球鹰"无人机 RQ-4A　（b）德国四旋翼无人机 MD4-200

### （4）太空及其他应用

为了接替"勇气号"（Spirit）探测器和"机遇号"（Opportunity）探测器执行探寻火星上生命元素的任务，美国国家航空航天局（NASA）于 2012 年 8月成功发射了"好奇号"（Curiosity）火星车。如图 1.4（a）所示，"好奇号"火星车重约 900 千克，用核燃料钚驱动车体，携带了多台先进的探测设备，可以在火星表面上连续自主行驶长达两年时间。

近年来，美国伍斯特理工大学的研究人员[24]采用由以色列 Given Imaging 医疗技术公司研发的无线胶囊肠道内镜 PillCam[25]，通过其内置的 12 毫米×33毫米微型摄像头和 LED 照明装置拍摄小肠内部场景，结合视觉 SLAM 技术和射频无线通信技术,实现对病人小肠内的肠道疾病的精确定位以及内镜的运动轨迹估计，如图 1.4（b）所示。

（a）　　　　　　　　　　　（b）

图 1.4　太空及其他应用示例
（a）NASA "好奇号"火星车　（b）无线胶囊肠道内镜 PillCam

## 1.2.2　国内 SLAM 技术发展及应用现状

虽然移动机器人自主导航技术在我国的研究及应用起步较晚,总体上与美国、日本等机器人技术发达国家之间存在一定的差距,但是经过最近十几年的发展已经取得了很大的进步,并且在某些领域甚至处于国际领先地位。如图 1.5（a）所示,由军事交通学院研发的具有完全自主知识产权的我国第三代无人驾驶智能车"猛狮 3 号",车架上搭载了多个摄像头、雷达探测器以及卫星导航系统,在京津高速公路上自主行驶长达 85 分钟、总行程 114 公里,成为我国第一辆经过官方认证并完成高速公路测试的无人驾驶智能汽车。如图 1.5（b）所示,由中国航天科技集团公司十一院自主研发的"彩虹 3"大型无人机,可利用其自身程序控制装置,自主飞行 12~15 小时、飞行高度 5000 米、最远航程可到 2400 公里,达到了同类无人机的国际水平。如图 1.5（c）所示,由中国科学院沈阳自动化研究所研制的"北极 ARV"水下机器人[26],具备冰下自主导航和自治航行能力,成为北极科考中一种有效、连续、自主、实时的观测手段,可实现对冰下海冰物理特征的精确观测,完成放置水下冰浮标等勘查任务。2013 年 12 月我国成功发射了"嫦娥三号"月球探测器,搭载由中国航天科技集团公司自主设计制造的"玉兔号"月球车[见图 1.5（d）]，用于开展月壤厚度和结构科学探测，以及对月表物质主要元素进行现场分析等月球探测任务[27]。"玉兔号"月球车在月面巡视时采取自主导航和地面遥控的组合模式，利用配备的全景相机、测月雷达及其他辅助传感器设备，在获取周围环境、自身姿态、位置等信息后，可通过地面或车内装置，确定行驶速度、规划路径、紧急避障、控制运动、监测安全。

图 1.5　我国移动机器人应用示例
（a）"猛狮 3 号"无人驾驶汽车　　（b）"彩虹 3"大型无人机
（c）"北极 ARV"水下机器人　　（d）"玉兔号"月球车

# 1.3　环境地图表示方法

移动机器人利用携带的激光测距仪、视觉相机、RGB-D 深度相机等环境感知传感器对其所处的未知环境进行观测，并以地图形式描述所观测到的场景信息。移动机器人在当前时刻保存的地图以迭代更新的方式,通过数据关联算法将新的环境测量值与已存在地图中的路标元素进行关联,从而将新的局部地图不断融合至全局环境地图中。

根据不同的用途和具体表示形式,移动机器人 SLAM 技术中涉及的环境地图有栅格地图、拓扑地图、特征地图、视图地图以及语义地图等多种表示方法,各种地图表示方法之间的特点对比如表 1.1 所示。

表 1.1 机器人环境地图表示方法对比

| 表示方法 | 方法概述 | 方法优点 | 方法缺点 |
|---|---|---|---|
| 栅格地图 | 采用栅格表示地图,每个栅格分配一个概率值,表示该栅格被障碍物占据的可能性大小 | 易于重建和维护,适用于二维动态环境的地图表示 | 当地图的分辨率提高或者被用于三维环境地图创建时,运算成本高 |
| 拓扑地图 | 采用节点、线段等抽象的空间信息表示环境地图 | 适用于机器人的高层级路径规划任务 | 非结构化环境的节点识别非常复杂 |
| 特征地图 | 采用路标的几何特征进行环境地图的表示 | 可用于高效率的机器人自主定位,扩展性好 | 需要特征提取、数据关联等操作过程 |
| 视图地图 | 采用由历史路径估计信息组成的加权图和多视图表示环境地图 | 直观性强,适用于人机交互任务 | 对多视图存储空间大小要求高 |
| 语义地图 | 将语义信息与传统环境地图进行融合表示 | 适用于高层级和面向目标的机器人推理任务 | 需要训练、物体识别和分类等操作过程 |
| 混合地图 | 结合多种不同的地图表示方法进行地图创建 | 适用于闭环探测,并能解决地图不一致问题 | 需要地图处理及不同地图之间的协调管理 |

## 1.3.1 基于栅格的地图表示法

在栅格地图表示法中,机器人工作环境被划分为一系列栅格,其中每个栅格都被分配一个概率值,用于表示该栅格被障碍物占据的可能性大小。如图 1.6 所示,栅格地图的优点在于易于重建和维护,对任何一个栅格的感知信息可以直接与环境中的某个区域相对应,特别适合于处理超声测量数据。但是环境空间的分辨率与栅格大小相关，当需要增加分辨率时就必须缩小栅格的大小，进而增加了运算的时间和空间复杂度。

图 1.6　Intel Labs 占据栅格地图示例（修订自文献[28]）

在传统的栅格地图表示法中，每个栅格之间被认为是相互独立的，因此，利用栅格表示的地图和实际环境地图具有很大的不一致性。为改进传统栅格地图表示法的这种缺点，Thrun[29]提出了一种采用期望最大化方法进行环境地图表示的方法，同时还考虑了各个相邻栅格之间的依赖关系。此外，Noykov 等人[30]提出了一种利用声呐传感器数据进行栅格地图构造的方法，利用统计方法对声呐数据概率模型进行建模，并结合模糊理论进行声呐数据融合。

### 1.3.2　基于拓扑的地图表示法

拓扑地图表示法中的地图是根据实际环境结构，由位置节点和节点之间的连线组成的。其中节点表示环境中的特定地点，节点之间的连线表示的是不同地点之间的路径信息。拓扑地图可以组织为层次结构，例如在底层，一个位置可能就是一个房间，但是在更上一层则可能为一个建筑物。为了利用拓扑地图方法进行环境地图的表示，必须有效地识别环境中各个特定的地点。对结构化的环境而言，各个特定的地点容易进行识别，但是在非结构化的环境中，节点的识别会非常复杂。如图 1.7 所示是一个多机器人编队对实验大楼内部环境进行感知后重建得到的拓扑地图,该编队共由两台移动机器人组成,每个机器人各自创建局部拓扑地图,最终通过无线通信传输数据形成全局融合后的拓扑地图。

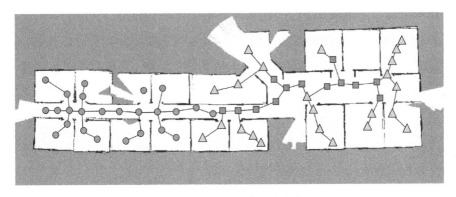

图 1.7    拓扑地图示例(修订自文献[31])

注:△和○分别表示两台不同编号机器人的行进节点,□表示重叠的机器人位置节点。

利用拓扑地图进行环境表示的关键在于拓扑地图中各个顶点的选取。David 等人[32]提出了一种基于声呐数据和视觉信息相结合的拓扑地图顶点选择方法,相对于单独采用声呐数据进行顶点检测,此方法可以得到更加精确的拓扑地图描述。Choset 等人[33]利用通用 Voronoi 图(generalized Voronoi graph,GVG)表示环境地图,在 GVG 表示中添加了机器人传感器的一些度量信息,通过对各个 GVG 的匹配进行机器人自身定位。GVG 表示法已经被用于美国国家航空航天局空间站中的机器人三维定位问题研究中,这样的地图表示方法具有拓扑地图的高效性和尺度地图的一致性以及精确性等特点。

### 1.3.3　基于特征的地图表示法

基于特征的地图表示法是指利用可以识别的环境路标表示环境地图,其中每个路标特征都用几何原型进行表示(见图 1.8)。此种地图表示方法仅限于可以进行参数化的路标环境,或者是可建模的对象环境,比如点、线、面等。对特征地图的重建大多都是基于外部传感器对环境的检测数据,然后利用这些检测数据进行环境路标特征的提取。对结构化的室内环境,可以利用一些简单的集合模型进行环境空间的表示，对于室外环境，可以采用曲面进行环境空间的表示。特征地图表示法的优势是定位准确，环境模型易于被描绘与表示，地图的参数化设置也适用于路径规划与运动控制，但是特征地图构建需要执行特征提取等预处理过程，对测量传感器噪声也比较敏感。

在基于特征的地图表示中，通常地图特征也称为路标。一个重要的研究方向是路标的数据关联问题，它指的是当机器人传感器检测到一个路标时，如何判断此路标是未检测到的新路标还是已检测过的路标。数据关联的正确性关系到后续 SLAM 输出地图的正确性和机器人位姿估计的准确性。目前最常用的数据关联检测算法包括最近邻（nearest neighbor, NN）算法、概率数据关联（probabilistic data association, PDA）算法，以及联合概率数据关联（joint probabilistic data association, JPDA）算法等。

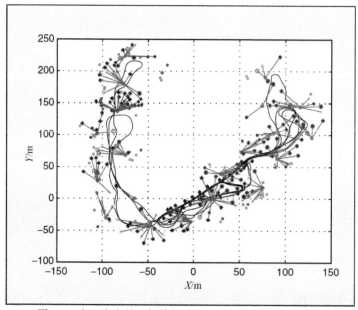

图 1.8　大尺度室外路标特征地图示例（修订自文献[3]）

注：＊表示环境路标特征。

### 1.3.4　基于视图的地图表示法

在基于视图或位姿的地图表示方法中，环境表示并不是利用拓扑形式或者路标特征，而是采用机器人的一系列历史路径估计信息进行表示的（见图 1.9）。

基于视图的地图表示方法由 Lu 和 Milios[35]最早提出的，在他们的研究中，环境地图由多次激光扫描数据和各个扫描数据之间的关系组成。随后，Eustice 等人[36]针对机器人在海底环境运行的特殊性，提出了一种称为视觉增强导航（visually augmented navigation, VAN）的地图表示方法，在 VAN 的机器人定位与地图重建算法中，状态向量由机器人在不同时刻的位姿组成。视图地图本身并不显式描述环境特征或其他空间信息，但通过将相关信息附于节点中，可以方便地构造出栅格、特征甚至物体地图。

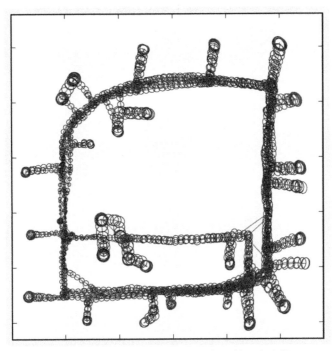

图 1.9    Intel Labs 视图（位姿）地图示例（修订自文献[34]）

注：·表示机器人位姿估计，O 表示位姿估计的不确定度。

### 1.3.5　基于语义的地图表示法

近些年来，随着 RGB-D 等视觉传感器的涌现以及人工智能算法性能的提升，创建带有丰富语义信息的三维环境地图，为实现高级复杂的人机交互提供支持，已然成为移动机器人 SLAM 算法研究的热点方向。如图 1.10 所示，在语义地图中，将人类所认知的例如物品、场所等概念与传统环境度量地图中的空间元素进行关联。Nuchter A 等人[37]最早尝试把语义信息与传统环境地图进行融合，通过采用单独线程用于场景平面语义分割，并将得到的语义信息在地图中的平面上进行标注。类似地，Kostavelis 等人[38]利用两个并行线程分别得到环境地图和物体语义信息图：一方面，基于尺度不变特征变换（scale-invariant feature transform, SIFT）特征点匹配算法构建环境地图；另一方面，基于支持向量机（support vector machine, SVM）分类识别方法获得物体语义信息图。

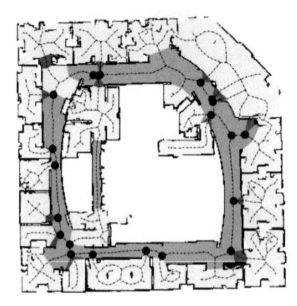

图 1.10    Intel Labs 室内语义地图示例（修订自文献[28]）

注：·表示机器人位姿估计，O 表示位姿估计的不确定度。

语义地图向更高级人工智能应用的进一步延伸，又发展为社交地图（social mapping）和行为地图（behavirol mapping）等环境地图表示形式。其中，社交地图将人类相关的行为动作增加到基础语义地图中，根据环境中人类存在情况调整机器人的可操作空间和导航策略，使机器人以舒适、自然和社交的方式开展作业任务[39]。机器人行为地图进一步分析挖掘环境地图的语义和社交属性，将机器人由此获得的"认知"进行关联。例如，机器人通过监测作业环境中人类在特定时间段内的存在情况，为相应的空间区域分配一个随时间变化的占用标签，进一步分析得出特定区域在某时间段内的拥挤程度[40]。

### 1.3.6 混合地图表示法

混合地图表示法通过结合上述两种或两种以上的地图表示方法来构建环境地图，以充分利用不同表示方法具备的优势（见图 1.11）。当机器人执行导航、避障等复杂任务或者融合多种异构探测传感器进行环境地图创建时，采用混合地图表示法可以记录不同种类的环境地图数据信息，从而保证定位和建图的精度与鲁棒性要求。

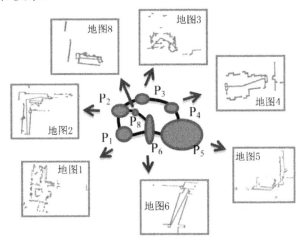

图 1.11　拓扑-特征混合地图示例（修订自文献[41]）

注：O 表示机器人观测过的区域位置及大小。

## 1.4 SLAM 算法研究进展分析

SLAM 算法已经成为近年来智能机器人研究领域的热点问题之一，并被认为是实现真正意义上的自主移动机器人的核心环节。考虑到未知物理环境及机器人携带的传感设备均不可避免地存在各种噪声，目前主流的研究方法是采用概率统计框架结合动态贝叶斯网络对 SLAM 问题进行建模和求解。基于概率统计模型表示的 SLAM 算法，其基本思路是采用某一特定概率分布来表示机器人位姿和路标位置状态，同时结合给定的机器人自身运动信息和环境路标观测信息，再利用贝叶斯递归估计方法增量式更新机器人位姿和路标位置状态的概率分布，从而不断减小机器人位姿估计的不确定性。

如图 1.12 所示，一方面，根据对机器人状态、路标特征地图以及路标测量值等变量的表示方式不同，SLAM 算法可以分为基于随机向量建模和随机有限集建模两大类；另一方面，根据采用的贝叶斯估计原理的不同，SLAM 算法可以进一步分为基于贝叶斯滤波估计和基于贝叶斯平滑估计两种类型。其中基于贝叶斯滤波估计的 SLAM 算法用到的滤波技术主要包括高斯滤波器（Gaussian filter, GF）、粒子滤波器（particle filter, PF）和概率假设密度滤波器（probability hypothesis density, PHD）。而基于贝叶斯平滑估计的 SLAM 算法主要是用因子图表示某一时间段内机器人的位姿及路标特征，并利用非线性优化方法进行求解。

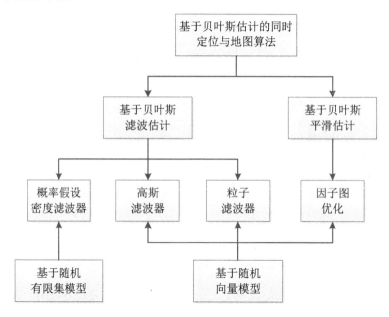

图 1.12　SLAM 算法基于估计原理分类

### 1.4.1　基于高斯滤波器的 SLAM 算法

早在 1960 年，Kalman[42] 提出了一种以其名字命名的用于线性动态系统状态估计问题的贝叶斯滤波算法，即卡尔曼滤波器。卡尔曼滤波器根据最小均方误差（minimum mean square error, MMSE）准则，采用自回归滤波的方式实现了线性高斯系统的最优估计。由于大部分实际应用中的动态系统具有非线性的特点，利用标准的卡尔曼滤波器将无法得到准确的估计结果。扩展卡尔曼滤波器（extended Kalman filter, EKF）利用一阶泰勒级数展开实现对非线性运动模型和测量模型的线性化近似，已被成功应用到移动机器人的 SLAM 问题上[43]。在基于扩展卡尔曼滤波器的 SLAM 算法中，系统状态由机器人的位姿状态和路标坐标增广而成，对系统状态的后验概率估计通过运动预测和测量更新两个过程依次迭代完成。随着机器人检测到的特征数目的不断增加，系统状态及其协方差矩阵的维度也相应增加，因而在路标特征密集的环境中，基于扩展卡尔曼滤波器的 SLAM 算法的实时性将会受到严重影响。Nettleon 等人[44]针对此问题，提出了基于扩展信息滤波器（extended information filter, EIF）的 SLAM 算法，该算法采用高斯分布中均值和协方差的对偶形式，即信息向量和信息矩阵来表示系统状态的后验概率。Thrun 等人[45]在此基础上提出了基于稀疏扩展信息滤波器（sparse extended information filter，SEIF）的 SLAM 算法，通过将信息矩阵中关联度较弱的项赋予零值实现了矩阵的稀疏化操作，从而大幅度降低路标测量更新过程中所需的计算复杂度。从本质上来看，稀疏信息矩阵中非零值的非对角线元素代表了相应维度上状态节点之间的连接关系。鉴于这种类似于稀疏因子图的结构，扩展信息滤波器又可以被看作一种特殊的高斯-马尔可夫随机场（Gaussian-Markov random field, GMRF）[46]。目前，对基于稀疏扩展信息滤波的 SLAM 算法的研究主要集中在对信息矩阵的精确稀疏化以及闭环信息检测优化上[47]，但是信息滤波器不能直接对系统状态的均值和协方差进行更新，因而其扩展性和实用性相对较差。

在传统的基于扩展卡尔曼滤波器的 SLAM 算法中，当运动模型和观测模型的非线性程度较高时，由一阶泰勒级数展开线性近似引入的累积误差会严重影响系统状态的估计结果。一方面，通过改进标准扩展卡尔曼滤波器中线性化点的选择方法，陆续出现了一些基于改进的扩展卡尔曼滤波器的 SLAM 算法，包括基于迭代扩展卡尔曼滤波器的 SLAM 算法[48]和基于均值扩展卡尔曼滤波器的 SLAM 算法[49]。另一方面，在采用一阶泰勒级数展开来近似非线性函数时需要计算函数在线性化点处的雅可比矩阵，而对于一些具有复杂模型的非线性系统而言，雅可比矩阵的计算十分困难。近年来，一类根据特定采样规则选取确定性样本点并采用统计线性化方式来近似非线性系统的滤波器受到了广泛关注。这类滤波器被统称为 Sigma 点卡尔曼滤波器，包括无迹卡尔曼滤波器（unscented Kalman filter, UKF）[50]、容积卡尔曼滤波器（cubature Kalman filter, CKF）[51]、中心差分卡尔曼滤波器（central difference Kalman filter, CDKF）[52]，以及高斯埃尔米特求积分卡尔曼滤波器（Gauss-Hermite quadrature Kalman filter, GHQKF）[53]等。由于 Sigma 点卡尔曼滤波算法中不需要计算雅可比矩阵，并且能够将非线性函数的近似逼近到二阶以上的估计精度，因此各种基于 Sigma 点卡尔曼滤波器的 SLAM 算法[54-56]被陆续提出。此外，为了保持系统状态协方差矩阵在递归估计过程中的对称性与半正定性，相应地出现了基于平方根 Sigma 点卡尔曼滤波器的 SLAM 算法[57, 58]。在这些算法中，系统状态协方差的平方根因子被直接通过非线性运动模型和观测模型进行传播和更新，进而大幅度强化了算法的数值稳定性，从而在一定程度上提高了对机器人位姿及路标位置估计的精确性。

当给定符合高斯分布的状态向量以及关于该状态向量的非线性函数时，基于一阶泰勒级数展开线性近似和基于 Sigma 点统计线性近似都可以简化为计算同一个非线性高斯积分的形式[59]。因此，扩展卡尔曼滤波器、扩展信息滤波器以及所有的 Sigma 点卡尔曼滤波器都可以统一归结为高斯滤波器。在利用高斯滤波器对机器人状态进行估计时，一般都假设随机测量噪声服从高斯分布。然而，在实际应用环境中，由于存在信号扰动、传感设备暂时故障等多种不确定性因素，测量噪声往往具有非高斯重尾分布的特性。在非高斯测量噪声的条件下，传统的基于高斯滤波器的 SLAM 算法会因为测量值干扰点的存在而出现状态估计不正确甚至不收敛的情况。针对此问题，笔者提出了一种基于统计线性回归的 GF-SLAM 算法，提高了传统算法在非高斯测量噪声下的鲁棒性。

### 1.4.2　基于粒子滤波器的 SLAM 算法

在基于高斯滤波器的 SLAM 算法中，机器人位姿与特征地图的后验概率是通过单个高斯分布来表示的，然而机器人真实的后验概率分布往往并不具备单峰高斯的特性。与高斯滤波器不同，非参数滤波器是一类不对后验概率分布形式作任何假设的估计算法, 其常用的技术包括直方图滤波器（histogram filter, HF）和粒子滤波器。粒子滤波器[60]是一种基于蒙特卡罗采样思想的非参数化贝叶斯滤波器, 通过指定一组在状态向量空间中传播的随机样本来近似实际的概率分布, 并用样本的加权平均代替积分运算, 进而实现系统状态的最小方差估计（minimum variance estimation, MVE）。粒子滤波器原则上可以用于任意非线性非高斯随机系统的状态估计, 有效地克服了上述高斯滤波器的缺点。但是由于 SLAM 是一个非线性高维状态向量的估计问题, 直接将粒子滤波器应用到机器人增广系统状态的估计中会面临计算量大的困难。针对此问题, Murphy[61]最早提出了基于 Rao-Blackwellized 粒子滤波器（Rao-Blackwellized particle filter, RBPF）的网格地图创建算法, 该算法的基本思想是通过对高维的机器人系统状态进行边缘化解耦操作, 有效地降低了传统的基于粒子滤波器算法的计算复杂度。Sakka[59]指出 Rao-Blackwellized 粒子滤波器的边缘化思想本质上是用无穷多个样本组成的闭环形式的粒子集来表示系统状态中存在解析表达式的部分, 从而其估计性能优于基于有限样本个数的蒙特卡罗采样的标准粒子滤波算法。Montemerlo 等人[62, 63]基于 RBPF 框架陆续实现了 FastSLAM 1.0 和 FastSLAM 2.0 算法。根据统计概率论中的贝叶斯条件独立性质, FastSLAM 算法首先将 SLAM 问题分解为机器人位姿轨迹估计和多个互相独立的路标特征位置状态估计两个部分, 然后采用粒子滤波器对机器人位姿轨迹进行估计, 同时采用多个独立的 EKF 对每个路标特征位置状态进行估计。当未知环境中存在多个相似特征时, 不同的数据关联假设导致估计的特征地图呈现多峰概率分布, 而 FastSLAM 算法中通过每个粒子均单独维护一张相关的特征地图, 在一定程度上增强了对错误的数据关联算法的鲁棒性[64]。Bailey 等人[65]和 Zhang 等人[66]对 FastSLAM 算法的估计一致性与收敛性指标进行评估, 指出 FastSLAM 算法的一致性性能仅依赖于粒子个数以及粒子重采样策略, 而与系统噪声大小、路标密集程度等因素无关。

目前, 对 FastSLAM 算法的改进研究主要集中在粒子提议分布的选取以及粒子的序贯重要性重采样（sequential importance resampling, SIS）方法的优化上。在 FastSLAM 1.0 算法中, 机器人的运动模型被直接用作粒子的采样函数,因此当运动控制输入量的误差较大时，将导致不准确的系统状态估计结果。FastSLAM 2.0 算法采用一个完整的 EKF 迭代过程，同时融合了当前时刻的控制输入量和路标特征测量值，再将得到的机器人位姿状态后验估计作为粒子采样函数，从而提高系统的估计精度。为了减少由 EKF 引入的累积线性误差以及避免计算非线性函数的雅可比矩阵，Kim 等人[67]提出了 UFastSLAM 算法，其基本思想是用 UKF 代替 EKF 来同时确定采样函数以及特征位置状态的后验估计，并且将运动噪声与测量噪声增广到状态向量中，可以用较少的粒子个数获得更好的估计性能。类似地，Song 等人[68]提出了利用容积法则计算粒子提议分布的 CFastSLAM 算法，该算法在对非线性加权高斯积分近似时所需的 Sigma 点数量相对较少，并且 Sigma 点的权值计算只与状态向量的维度有关，因而其算法复杂度相对 UFastSLAM 算法有所降低。另外，为了获取粒子的最佳提议分布并进一步减少在粒子采样过程中引入的估计误差，一些研究者[69-71]还提出了 UFastSLAM 和 CFastSLAM 的扩展改进算法。

在基于 RBPF 的 FastSLAM 算法中，当前时刻的粒子集携带了过去时刻的机器人位姿信息和路标测量信息，而粒子的序贯重要性重采样过程会逐渐丢弃掉这些历史信息，最终导致粒子有效性及多样性的损失，造成粒子贫乏和粒子退化等问题。为此，Kwak 等人[72]提出了基于粒子排序的重采样方法，原始粒子在删除及复制过程中被选择的概率根据其在整个粒子集合中的排列顺序而定，因而可以有效地避免出现占有绝对主导地位的粒子，保持了重采样后粒子的有效性和多样性。Havangi 等人[73]采用马尔可夫链蒙特卡罗（Markov chain Monte Carlo, MCMC）方法增加粒子的多样性，一定程度上抑制了粒子贫乏现象的出现。此外，一些研究者利用人工智能技术来解决粒子退化问题，主要思想是尽可能地将足够数量的粒子聚集到后验分布的高概率区域，从而增加有效粒子的个数。常见的改进算法包括基于遗传算法的 FastSLAM 算法[74]、基于差分进化（differential evolution, DE）的 FastSLAM 算法[75]、基于粒子群优化（particle swarm optimization, PSO）的 FastSLAM 算法[76]以及基于前馈神经网络（back-propagation neural network, BPNN）的 FastSLAM 算法[77]等。

另一方面，上述各种 FastSLAM 算法在粒子重采样过程中采用固定数量的样本表示不断变化的状态后验概率分布。事实上，当机器人位姿及路标特征状态的不确定度较大时，描述后验概率分布所需要的样本数量就越多，算法的计算量就越大。反之，当机器人位姿及路标特征状态的不确定度较小时，描述后验概率分布所需要的样本数量就越少，算法的计算量就越小。因此，为了提高粒子滤波器的计算效率，根据当前状态估计不确定程度自适应地确定样本数量的粒子重采样策略也是 FastSLAM 算法的一个重要研究点。针对此问题，本书提出了一种自适应粒子重采样的 UFastSLAM 算法，提高了传统算法的估计精度和计算效率。

### 1.4.3　基于概率假设密度滤波器的 SLAM 算法

随机集理论最早是由 Kendall[78]和 Matheron[79]分别基于随机统计几何的思想而提出的，它是概率统计学中随机向量概念的一种推广和泛化，可以用来描述元素及其个数都是随机变量的集合概率分布。相对于用随机点函数（过程）来表示随机向量的变化规律，随机集的变化是通过随机集值函数（过程）来表示的。Mahler[80]在随机集理论的基础上引入了有限集统计学（finite set statistics, FISST）理论并利用随机有限集（random finite set, RFS）和贝叶斯滤波方法系统地描述了多传感器多目标的跟踪问题。由于在基于 RFS 的多目标贝叶斯递推公式中存在集合积分、集合求导以及集合概率密度函数等复杂度较高的运算，Mahler[81-82]又提出了多目标集合后验概率密度的一阶统计矩近似形式以及相应的概率假设密度滤波算法和势概率假设密度（cardinalized probability hypothesis density, CPHD）滤波算法。对于非线性非高斯系统，Zajic 等人[83]、Sidenbladah[84]以及 Vo 等人[85]基于序贯蒙特卡罗（sequential Monte Carlo, SMC）粒子采样原理，分别提出了 SMC-PHD 滤波器的近似实现方法。而对于线性高斯系统，Vo 和 Ma[86]结合高斯混合（Gaussian mixture, GM）表示方法给出了 GM-PHD 的闭环解析实现。由于与传统的基于向量表示方法相比，基于 RFS 的多目标状态表示方法避免了复杂的数据关联过程，可以同时估计多目标的个数和状态，因而近几年在多目标跟踪领域之外，PHD 滤波器还被用来解决多传感器信息融合、多目标检测以及移动机器人 SLAM 等问题。

移动机器人在实际环境中事先无法预知具体路标特征的个数，并且在通过外部传感器得到的特征测量值中往往存在漏检和虚假观测等诸多不确定因素。传统的基于随机向量表示的 SLAM 算法中需要采用数据关联操作将观测值准确地关联到当前地图估计值。然而，设计一个准确无误的数据关联算法仍然是当前没有解决的问题。在基于 PHD 滤波器的 SLAM 算法中，环境地图和传感器观测值分别用一个随机有限集来表示，数据关联和地图管理被隐式地融入递推更新过程，可以处理未知路标个数的地图、虚假观测以及路标特征探测时的不确定性。

Mullane 等人[87]最早将随机有限集及 PHD 滤波器应用到机器人同时定位与地图创建算法中。为了将基于 PHD 滤波器的多目标跟踪算法直接应用于 SLAM 问题，机器人的位姿序列被增广到特征地图的随机有限集中，得到符合泊松分布的联合系统状态随机有限集。在高斯噪声和非线性模型假设之下，结合 EKF 和 GM-PHD 算法可以同时估计出机器人位姿、特征个数和特征位置状态。与 FastSLAM 算法的对比结果表明，PHDF-SLAM 算法在强干扰和较大的数据关联不确定度的环境下具有明显的鲁棒性优势。但是，在基于随机有限集的 SLAM 算法中，由于需要考虑路标与测量值之间的所有可能的对应关系，集合似然概率的计算变得非常复杂，因此传统的基于"brute-force"的方法无法保证 PHDF-SLAM 的实时性。针对此问题，Leung 等人[88]基于"divide and conquer"（分而治之）思想提出了一种计算量可行的方法：首先，将测量值和特征地图的集合划分成小组；其次，采用字典序迭代法[89]计算每个小组对应的集合似然概率；最后，通过乘积运算得到最终的集合似然概率近似值。Mullane 等人借鉴了 FastSLAM 中的"Rao-Blackwellised"思想提出了 RBPHDF-SLAM 算法[90]。该算法改进了原算法中求解测量函数时采用的"brute-force"（穷举）机制，对机器人的位姿序列采用一个粒子滤波器进行估计，并对每个粒子的特征地图随机有限集利用 GM-PHD 滤波器进行估计。类似地，Kalyan 等人[91]提出了用 SMC-PHD 滤波器来估计特征地图的后验强度的 RBPHDF-SLAM 算法。Leung 等人[92]对 RBPHDF-SLAM 算法中的粒子加权策略进行了改进，通过选择传感器测量范围内的所有路标估计值来计算每个粒子的权值，从而得到比已有方法更加鲁棒和准确的系统后验分布，并且从理论角度证明了该 SLAM 方法是基于向量表示的 FastSLAM 算法的一种泛化形式。Chee 等人[93]把 SLAM 的状态估计过程看成是一个单个簇集点过程，通过将机器人位姿与特征地图看成是分层架构的父子点过程，改进了 RBPHDF-SLAM 算法中对粒子权值的更新方法，提高了对机器人位姿和路标的估计精度。此外，利用有限集统计学在多传感器融合中已有的成熟算法，基于随机有限集的 SLAM 算法被成功扩展到多机器人同时定位与地图创建[94]，以及动态目标环境下多机器人同时定位、目标跟踪与地图创建[95]的应用中。

在利用 PHD 滤波器对基于 RFS 建模的 SLAM 问题进行状态估计时，一般都假设随机测量噪声服从已知先验信息的高斯分布。然而在一些实际复杂环境下的应用中，测量系统噪声方差参数并不是已知的。针对此问题，本书提出了一种可同时估计位置测量噪声方差的 PHDF-SLAM 算法，增强了传统算法的实用性。

### 1.4.4 基于图优化的 SLAM 算法

基于图优化的 SLAM 算法又被称为基于平滑的 SLAM 算法或者 full-SLAM 算法，它主要是利用非线性优化方法同时处理某一时间段内的所有观测信息来估计机器人的运动轨迹和环境地图。Lu 和 Milios[35]最早提出了用图模型来表示 SLAM 问题，其基本思想是将所有历史时刻的机器人位姿表示为图的节点，位姿之间的空间约束关系表示为图的边，机器人运动轨迹估计值通过对图的优化求解而得到。Gutmann 和 Konolige [96]在此基础上提出了高效的闭环检测及约束图创建方法，从而形成了基于图优化的增量式 SLAM 算法框架。在该算法框架中，SLAM 的求解过程被划分为传感器相关的前端和传感器无关的后端两个部分，分别负责图的创建和优化任务。对基于图优化的 SLAM 算法研究重点主要在于开发一个高效率、强鲁棒性的优化后端，而后端中对图的优化本质是利用非线性优化方法计算一个由所有约束关系组成的目标误差函数对应的全局极小值。

提高基于图优化的 SLAM 算法的计算效率可以从两个方面考虑：减少优

化算法的迭代次数以提高收敛速度和挖掘 SLAM 问题的稀疏特性以减少计算量。Frese 等人[97]采用多层次松弛（multi-level relaxation，MLR）的优化策略分别处理不同分辨率的位姿图来提高基于标准 Gauss-Seidel 松弛的图优化方法[98]的效率和精度。Olson 等人[99]将随机梯度下降法（stochastic gradient descent，SGD）应用到目标误差函数的优化求解中，根据随机选取的约束边计算函数的梯度下降方向，避免迭代过程中算法陷入局部最优。Dellaert 和 Kaess[100]最早提出基于信息矩阵平滑思想的平滑与地图创建（smoothing and mapping, SAM）方法来充分挖掘 SLAM 问题中信息矩阵以及观测雅可比矩阵的稀疏特性。该方法通过采用稀疏矩阵分解的方式处理线性离线 SLAM 问题。通过周期性地更新由 QR 分解得到的平方根信息矩阵来减少优化过程中的计算量，Kaess 等人[101]将 SAM 扩展为其在线版本：增量式平滑与地图创建（incremental smoothing and mapping, iSAM）。随后，Kaess 等人[102]又在此基础上提出了 iSAM2 算法，其核心思想是用贝叶斯树状结构来描述稀疏矩阵分解的过程，并以增量式计算的方式完成变量重排序操作，进一步提高了优化效率。此外，Bosse 等人[103]针对可变尺度的环境地图创建问题，提出了一种地图的两层分层结构思想，其中底层图的创建通过卡尔曼滤波器完成，而上层图通过配准不同的局部子图得到全局优化解。

提高基于图优化的 SLAM 算法的鲁棒性主要体现为减少优化算法对初始值的依赖性和提高对前端错误闭环信息的适应性。Carlone 等人[104]假设 2D 位姿约束图中节点间的相对位置分量和相对旋转角度分量互相独立，提出了一种不依赖于初始值的线性解析的图优化方法。Zhao 等人[105]通过合理选择子地图的参考坐标系，将全局地图拼接问题转化为求解一系列的线性最小平方优化问题。该方法同样不需要给定初始估计值，并且同时适用于 2D 和 3D 环境下的基于图优化的 SLAM 问题。由于标准的非线性优化方法缺乏对局外点的鲁棒性，当由前端创建的位姿图中存在错误的闭环边时，传统的图优化方法可能会无法收敛到正确的结果。Kummerle 等人[106]提出用 Huber 核函数取代最小平方误差函数的图优化方法，该方法通过将绝对误差小于某设定阈值的平方项替换为线性近似项，在一定程度上减少了局外点的影响。Olson 和 Agarwal[107]借鉴了多假设跟踪（multiple hypothesis tracking, MHT）扩展卡尔曼滤波器的思想，提出了基于最大混合模型的图优化算法,该算法可以快速有效地识别出错误的闭环边。Sünderhauf 和 Protzel[108]提出可开合约束算法，为每条闭环边对应的误差项赋予相应的权值后融入标准的目标函数,在图优化过程中移除权值为零的项，从而抑制局外点的影响。Agarwal 等人[109]通过对可切换约束算法中目标函数的分析，得出权值的解析解，提高了原始算法的计算速度。之后，关于提高基于图优化 SLAM 的鲁棒性的其他方法被不断提出，包括基于观测值之间的一致性原则的 RRR（realizing, reversing, recovering）图优化算法[110]、基于分类期望最大化（classification expectation-maximization, CEM）的图优化算法[111]等。

目前，上述各种基于贝叶斯估计原理的 SLAM 算法的研究和应用已经取得了显著的进展，为了加快推动后续的理论创新和实际应用，一些学者和研究机构提供了诸多开源数据集与优化算法源码包,有兴趣的读者可以参考以下网站上的内容。

https://openslam-org.github.io/
http://radish.sourceforge.net/
https://github.com/bhsphd/slambench2

## 参考文献

[1] Manyika J, Chui M, Bughin J, et al. Disruptive Technologies: Advances That Will Transform Life, Business, and the Global Economy[M]. San Francisco, CA, United States: McKinsey Global Institute, 2013.

[2] Leonard J J, Durrant-Whyte H F, Cox I J. Dynamic map building for an autonomous mobile robot[J]. The International Journal of Robotics Research, 1992, 11(4): 286-298.

[3] Durrant-Whyte H, Bailey T. Simultaneous localization and mapping: part I[J]. IEEE Robotics & Automation Magazine, 2006, 13(2): 99-110.

[4] Holmes S A, Murray D W. Monocular SLAM with conditionally independent split mapping[J]. IEEE Transactions on Pattern Analysis and Machine Intelligence, 2012, 35(6): 1451-1463.

[5] Davison A J, Reid I D, Molton N D, et al. MonoSLAM: real-time single camera SLAM[J]. IEEE Transactions on Pattern Analysis and Machine Intelligence, 2007, 29(6): 1052-1067.

[6] Civera J, Grasa O G, Davison A J, et al. 1-point RANSAC for extended Kalman filtering: application to real-time structure from motion and visual odometry[J]. Journal of Field Robotics, 2010, 27(5): 609-631.

[7] Williams B, Cummins M, Neira J, et al. A comparison of loop closing techniques in monocular SLAM[J]. Robotics and Autonomous Systems, 2009, 57(12): 1188-1197.

[8] Kerl C, Sturm J, Cremers D. Dense Visual SLAM for RGB-D Cameras[C]. Tokyo, Japan: IEEE International Conference on Intelligent Robots and Systems, 2013: 2100-2106.

[9] Sturm J, Engelhard N, Endres F, et al. A Benchmark for the Evaluation of RGB-D SLAM Systems[C]. Vilamoura, Portugal: IEEE International Conference on Intelligent Robots and Systems, 2012: 573-580.

[10] Barkby S, Williams S B, Pizarro O, et al. Bathymetric particle filter SLAM using trajectory maps[J]. The International Journal of Robotics Research, 2012, 31(12): 1409-1430.

[11] Bryson M, Sukkarieh S. Architectures for cooperative airborne simultaneous localisation and mapping[J]. Journal of Intelligent and Robotic Systems: Theory and Applications, 2009, 55(4-5): 267-297.

[12] Zhou W, Miró J V, Dissanayake G. Information-efficient 3D visual SLAM for unstructured domains[J]. IEEE Transactions on Robotics, 2008, 24(5): 1078-1087.

[13] Fairfield N, Kantor G, Wettergreen D. Towards Particle Filter SLAM with

Three Dimensional Evidence Grids in a Flooded Subterranean Environment[C].
Orlando, FL, United States: IEEE International Conference on Robotics and
Automation, 2006, 3575-3580.

[14] Mullane J S, Vo B N, Adams M D, et al. Random Finite Sets for Robot Mapping
& SLAM: New Concepts in Autonomous Robotic Map Representations[M].
Berlin, Germany: Springer, 2011.

[15] Mullane J, Vo B N, Adams M D, et al. A random-finite-set approach to Bayesian
SLAM[J]. IEEE Transactions on Robotics, 2011, 27(2): 268-282.

[16] Thrun S, Montemerlo M, Dahlkamp H, et al. Stanley: the robot that won the
DARPA Grand Challenge[J]. Journal of Field Robotics, 2006, 23(9): 661-692.

[17] Kaneko K, Harada K, Kanehiro F, et al. Humanoid Robot HRP-3[C]. Nice,
France: IEEE/RSJ International Conference on Intelligent Robots and Systems,
2008: 2471-2478.

[18] Patki A. Particle Filter Based SLAM to Map Random Environments Using
"iRobot Roomba"[D]. Nashville, TN, United States: Vanderbilt University,
2011.

[19] Williams S B, Pizarro O R, Jakuba M V, et al. Monitoring of benthic reference
sites: using an autonomous underwater vehicle[J]. IEEE Robotics &
Automation Magazine, 2012, 19(1): 73-84.

[20] Singh H, Eustice R, Roman C, et al. The SeaBED AUV: A Platform for High
Resolution Imaging[C]. Southampton, UK: Unmanned Underwater Vehicle
Showcase Conference Proceedings, 2002.

[21] Guerra J, Heinevetter R, Morris T, et al. Proteus: mini underwater remotely
operated vehicle[D]. Santa Clara, CA, United States: Santa Clara University,
2014.

[22] Zaloga S J. Unmanned Aerial Vehicles: Robotic Air Warfare 1917-2007[M].
Oxford, United Kindom: Bloomsbury Publishing, 2008.

[23] Nebiker S, Annen A, Scherrer M, et al. A light-weight multispectral sensor for

micro UAV-opportunities for very high resolution airborne remote sensing[J]. The International Archives of the Photogrammetry, Remote Sensing and Spatial Information Sciences, 2008, 37: 1193-1200.

[24] Bao G. On Simultaneous Localization and Mapping Inside the Human Body (body-slam)[D]. Worceste, MA, United States: Worcester Polytechnic Institute, 2014.

[25] Adler S N, Metzger Y C. PillCam COLON capsule endoscopy: recent advances and new insights[J]. Therapeutic Advances in Gastroenterology, 2011, 4(4): 265-268.

[26] Li S. Navigation under the arctic ice by autonomous & remotely operated underwater vehicle[J]. Jiqiren(Robot), 2011, 33(4): 509-512.

[27] Ip W H, Yan J, Li C L, et al. Preface: The Chang'e-3 lander and rover mission to the moon[J]. Research in Astronomy and Astrophysics, 2014, 14(12): 1511.

[28] Friedman S, Pasula H, Fox D. Voronoi Random Fields: Extracting the Topological Structure of Indoor Environments via Place Labeling[C]. Hyderabad, India: IJCAI International Joint Conference on Artificial Intelligence, 2007: 2109-2114.

[29] Thrun S. Learning Occupancy Grids with Forward Models[C]. Maui, HI, United States: IEEE/RSJ International Conference on Intelligent Robots and Systems, 2002: 1676-1681.

[30] Noykov S, Roumenin C. Occupancy grids building by sonar and mobile robot[J]. Robotics and autonomous systems, 2007, 55(2): 162-175.

[31] Ravankar A, Ravankar A, Emaru T, et al. Visual-Aided Multi-robot Mapping and Navigation using Topological Features[C]. International Electronic Conference on Sensors and Applications, 2019, Held Online.

[32] Kortenkamp D, Weymouth T. Topological Mapping for Mobile Robots Using a Combination of Sonar and Vision Sensing[C]. Seattle, WA, United States: Proceedings of the National Conference on Artificial Intelligence, 1994: 979-

984.

[33] Choset H, Nagatani K. Topological simultaneous localization and mapping (SLAM): toward exact localization without explicit localization[J]. IEEE Transactions on Robotics and Automation, 2001, 17(2): 125-137.

[34] Grisetti G, Kümmerle R, Stachniss C, et al. A tutorial on graph-based SLAM[J]. IEEE Intelligent Transportation Systems Magazine, 2010, 2(4): 31-43.

[35] Lu F, Milios E. Globally consistent range scan alignment for environment mapping[J]. Autonomous Robots, 1997, 4(4): 333-349.

[36] Eustice R M, Pizarro O, Singh H. Visually augmented navigation for autonomous underwater vehicles[J]. IEEE Journal of Oceanic Engineering, 2008, 33(2): 103-122.

[37] Nüchter A, Hertzberg J. Towards semantic maps for mobile robots[J]. Robotics and Autonomous Systems, 2008, 56(11): 915-926.

[38] Kostavelis I, Gasteratos A. Semantic mapping for mobile robotics tasks: a survey[J]. Robotics and Autonomous Systems, 2015, 66: 86-103.

[39] Charalampous K, Kostavelis I, Gasteratos A. Robot navigation in large-scale social maps: an action recognition approach[J]. Expert Systems with Applications, 2016, 66: 261-273.

[40] Kostavelis I. Robot behavioral mapping: a representation that consolidates the human-robot coexistence[J]. Robotics and Automation Engineering, 2017, 1: 1-3.

[41] Hossain M Z, Yeap W. How albot1 computes its topological-metric map[J]. Procedia-Social and Behavioral Sciences, 2013, 97: 553-560.

[42] Kalman R E. A new approach to linear filtering and prediction problems[J]. Journal of Fluids Engineering, 1960, 82(1): 35-45.

[43] Dissanayake M W M G, Newman P, Clark S, et al. A solution to the simultaneous localization and map building (SLAM) problem[J]. IEEE Transactions on Robotics and Automation, 2001, 17(3): 229-241.

[44] Nettleton E W, Gibbens P W, Durrant-Whyte H F. Closed form Solutions to the Multiple-platform Simultaneous Localization and Map Building (SLAM) Problem[C]. Orlando, FL, United States: The International Society for Optics and Photonics, 2000: 428-437.

[45] Thrun S, Liu Y, Koller D, et al. Simultaneous localization and mapping with sparse extended information filters[J]. The International Journal of Robotics Research, 2004, 23(7-8): 693-716.

[46] Thrun S, Burgard W, Fox D. Probabilistic Robotics[M]. Cambridge, MA, United States: MIT Press, 2005.

[47] Gutmann J S, Eade E, Fong P, et al. A Constant-time Algorithm for Vector Field SLAM Using an Exactly Sparse Extended Information Filter[C]. Zaragoza, Spain: Robotics: Science and Systems VI, 2010.

[48] Tully S, Moon H, Kantor G, et al. Iterated Filters for Bearing-only SLAM[C]. Pasadena, CA, United States: IEEE International Conference on Robotics and Automation, 2008: 1442-1448.

[49] Zhou W, Zhao C, Guo J. The study of improving Kalman filters family for nonlinear SLAM[J]. Journal of Intelligent and Robotic Systems, 2009, 56: 543-564.

[50] Wan E A, Van Der Merwe R. The Unscented Kalman Filter for Nonlinear Estimation[C]. Lake Louise, AB, Canada: Adaptive Systems for Signal Processing, Communications, and Control Symposium, 2000.

[51] Arasaratnam I, Haykin S. Cubature kalman filters[J]. IEEE Transactions on Automatic Control, 2009, 54(6):1254-1269.

[52] Ito K, Xiong K. Gaussian filters for nonlinear filtering problems[J]. IEEE Transactions on Automatic Control, 2000, 45(5): 910-927.

[53] Arasaratnam I, Haykin S, Elliott R J. Discrete-time nonlinear filtering algorithms using gauss-hermite quadrature[J]. Proceedings of the IEEE, 2007, 95(5): 953-977.

[54] Martinez-Cantin R, Castellanos J A. Unscented SLAM for Large-scale Outdoor Environments[C]. Edmonton, AB, Canada: IEEE/RSJ International Conference on Intelligent Robots and Systems, 2005.

[55] Chandra K P B, Gu D W, Postlethwaite I. Cubature Kalman Filter based Localization and Mapping[C]. Milano, Italy: Proceedings of the 18th IFAC World Congress, 2011, 2121-2125.

[56] Zhu J, Zheng N, Yuan Z, et al. A SLAM Algorithm Based on the Central Difference Kalman Filter[C]. Xi'an, China: IEEE Intelligent Vehicles Symposium, 2009: 123-128.

[57] Chen Z, Dai X, Jiang L, et al. Adaptive iterated square-root cubature Kalman filter and its application to SLAM of a mobile robot[J]. TELKOMNIKA Indonesian Journal of Electrical Engineering, 2013, 11(12): 7213-7221.

[58] Holmes S, Klein G, Murray D W. A Square Root Unscented Kalman Filter for Visual MonoSLAM[C]. Pasadena, CA, United States: IEEE International Conference on Robotics and Automation, 2008, 3710-3716.

[59] Särkkä S. Bayesian Filtering and Smoothing[M]. Cambridge, United Kindom: Cambridge University Press, 2013.

[60] Arulampalam M S, Maskell S, Gordon N, et al. A tutorial on particle filters for online nonlinear/non-Gaussian Bayesian tracking[J]. IEEE Transactions on Signal Processing, 2002, 50(2): 174-188.

[61] Murphy K P. Bayesian Map Learning in Dynamic Environments[C]. Denver, CO, United States: Annual Neural Information Processing Systems Conference, 2000: 1015-1021.

[62] Montemerlo M, Thrun S, Koller D, et al. FastSLAM: a Factored Solution to the Simultaneous Localization and Mapping Problem[C]. Edmonton, Alta., Canada: National Conference on Artificial Intelligence, 2002: 593-598.

[63] Montemerlo M, Thrun S, Koller D, et al. FastSLAM 2.0: an Improved Particle Filtering Algorithm for Simultaneous Localization and Mapping That Provably

Converges[C]. Acapulco, Mexico: International Joint Conferences on Artificial Intelligence, 2003: 1151-1156.

[64] Thrun S, Montemerlo M, Koller D, et al. FastSLAM: an efficient solution to the simultaneous localization and mapping problem with unknown data association[J]. Journal of Machine Learning Research, 2004, 4(3): 380-407.

[65] Bailey T, Nieto J, Nebot E. Consistency of the FastSLAM Algorithm[C]. Orlando, FL, United States: IEEE International Conference on Robotics and Automation , 2006: 424-429.

[66] Zhang L, Meng X J, Chen Y W. Convergence and Consistency Analysis for FastSLAM[C]. Xi'an, China: IEEE Intelligent Vehicles Symposium, 2009: 447-452.

[67] Kim C, Sakthivel R, Chung W K. Unscented FastSLAM: A Robust Algorithm for the Simultaneous Localization and Mapping Problem[C]. Rome, Italy: IEEE International Conference on Robotics and Automation, 2007: 2439-2445.

[68] Song Y, Li Q, Kang Y, et al. Effective cubature FastSLAM: SLAM with Rao-Blackwellized particle filter and cubature rule for Gaussian weighted integral[J]. Advanced Robotics. 2013, 27(17): 1301-1312.

[69] Havangi R, Taghirad H D, Nekoui M A, et al. A square root unscented FastSLAM with improved proposal distribution and resampling[J]. IEEE Transactions on Industrial Electronics, 2013, 61(5): 2334-2345.

[70] Song Y, Li Q L, Kang Y F. Conjugate unscented FastSLAM for autonomous mobile robots in large-scale environments[J]. Cognitive Computation, 2014, 6: 496-509.

[71] Song Y, Li Q, Kang Y, et al. Square-root Cubature FastSLAM Algorithm for Mobile Robot Simultaneous Localization and Mapping[C]. Chengdu, China: IEEE International Conference on Mechatronics and Automation, 2012: 1162-1167.

[72] Kwak N, Yokoi K, Lee B H. Analysis of rank-based resampling based on

particle diversity in the rao-blackwellized particle filter for simultaneous localization and mapping[J]. Advanced Robotics, 2010, 24(4): 585-604.

[73] Havangi R, Nekoui M A, Taghirad H D, et al. An intelligent UFastSLAM with MCMC move step[J]. Advanced Robotics, 2013, 27(5): 311-324.

[74] Zhou W, Zhao C. FastSLAM 2.0 algorithm based on genetic algorithm[J]. Jiqiren/Robot, 2009, 31(1): 25-32.

[75] Havangi R, Nekoui M A, Teshnehlab M, et al. A SLAM based on auxiliary marginalised particle filter and differential evolution[J]. International Journal of Systems Science, 2014, 45(9): 1913-1926.

[76] Lee H, Park S, Choi J, et al. PSO-FastSLAM: An Improved FastSLAM Framework Using Particle Swarm Optimization[C]. San Antonio, TX, United States: IEEE International Conference on Systems, Man and Cybernetics, 2009: 2763-2768.

[77] Dong J F, Wijesoma W S, Shacklock A P. An Efficient Rao-Blackwellized Genetic Algorithmic Filter for SLAM[C]. Rome, Italy: IEEE International Conference on Robotics and Automation, 2007: 2427-2432.

[78] Kendall D G. Foundations of a theory of random sets[J]. Stochastic Geometry, 1974, 3(9): 322-376.

[79] Matheron G. Random Sets and Integral Geometry[M]. New York, United States: John Wiley & Sons, 1975.

[80] Mahler R. Engineering Statistics for Multi-object Tracking[C]. Vancouver, Canada: IEEE Workshop on Multi-Object Tracking, 2001: 53-60.

[81] Mahler R. Multitarget Bayes filtering via first-order multitarget moments[J]. IEEE Transactions on Aerospace and Electronic systems, 2003, 39(4): 1152-1178.

[82] Mahler R. PHD filters of higher order in target number[J]. IEEE Transactions on Aerospace and Electronic Systems, 2007, 43(4): 1523-1543.

[83] Zajic T, Ravichandran R B, Mahler R P, et al. Joint Tracking and Identification

with Robustness Against Unmodeled Targets[C]. Orlando, FL, United States: SPIE Signal Processing, Sensor Fusion, and Target Recognition XII, 2003, 279-290.

[84] Sidenbladh H. Multi-target Particle Filtering for the Probability Hypothesis Density[C]. Cairns, Australia: International Conference on Information Fusion, 2003.

[85] Vo B N, Singh S, Doucet A. Sequential Monte Carlo Implementation of the PHD Filter for Multi-target Tracking[C]. Istanbul, Turkey: International Conference of Information Fusion, 2003, 23-29.

[86] Vo B N, Ma W K. The Gaussian mixture probability hypothesis density filter[J]. IEEE Transactions on Signal Processing, 2006, 54(11): 4091-4104.

[87] Mullane J, Vo B N, Adams M D, et al. A Random Set Formulation for Bayesian SLAM[C]. Nice, France: IEEE/RSJ International Conference on Intelligent Robots and Systems, 2008: 1043-1049.

[88] Leung K Y K, Inostroza F, Adams M. Evaluating Set Measurement Likelihoods in Random-Finite-Set SLAM[C]. Salamanca, Spain: International Conference on Information Fusion, 2014.

[89] Sriram P, Skiena S. Computational discrete mathematics: combinatorics and graph theory with mathematica[J]. Computing Reviews, 2004, 45(12): 775.

[90] Mullane J, Vo B N, Adams M D. Rao-Blackwellised PHD SLAM[C]. Anchorage, AK, United States: IEEE International Conference on Robotics and Automation, 2010, 5410-5416.

[91] Kalyan B, Lee K W, Wijesoma W S. FISST-SLAM: finite set statistical approach to simultaneous localization and mapping[J]. The International Journal of Robotics Research, 2010, 29(10): 1251-1262.

[92] Leung K Y K, Inostroza F, Adams M. An Improved Weighting Strategy for Rao-Blackwellized Probability Hypothesis Density Simultaneous Localization and Mapping[C]. Nha Trang, Vietnam: IEEE International Conference on

Control, Automation and Information Sciences, 2013: 103-110.

[93] Chee S L, Clark D E, Salvi J. SLAM with Single Cluster PHD Filters[C]. Saint Paul, MN, United States: IEEE International Conference on Robotics and Automation, 2012: 2096-2101.

[94] Moratuwage D, Vo B N, Wang D, et al. Extending Bayesian RFS SLAM to Multi-vehicle SLAM[C]. Guangzhou, China: International Conference on Control, Automation, Robotics and Vision, 2012: 638-643.

[95] Moratuwage D, Vo B N, Wang D. Collaborative Multi-vehicle SLAM with Moving Object Tracking[C]. Karlsruhe, Germany: IEEE International Conference on Robotics and Automation, 2013: 5702-5708.

[96] Gutmann J S, Konolige K. Incremental Mapping of Large Cyclic Environments[C]. Monterey, CA, United States: IEEE International Symposium on Computational Intelligence in Robotics and Automation, 1999: 318-325.

[97] Frese U, Larsson P, Duckett T. A multilevel relaxation algorithm for simultaneous localization and mapping[J]. IEEE Transactions on Robotics, 2005, 21(2): 196-207.

[98] Howard A, Mataric M J, Sukhatme G. Relaxation on a Mesh: A Formalism for Generalized Localization[C]. Maui, HI, United States: IEEE/RSJ International Conference on Intelligent Robots and Systems, 2001, 2:1055-1060.

[99] Olson E, Leonard J, Teller S. Fast Iterative Alignment of Pose Graphs with Poor Initial Estimates[C]. Orlando, FL, United States: IEEE International Conference on Robotics and Automation, 2006: 2262-2269.

[100] Dellaert F, Kaess M. Square Root SAM: simultaneous localization and mapping via square root information smoothing[J]. The International Journal of Robotics Research, 2006, 25(12): 1181-1203.

[101] Kaess M, Ranganathan A, Dellaert F. iSAM: Fast Incremental Smoothing and Mapping with Efficient Data Association[C]. Rome, Italy: IEEE International

Conference on Robotics and Automation, 2007: 1670-1677.

[102] Kaess M, Johannsson H, Roberts R, et al. iSAM2: incremental smoothing and mapping using the Bayes tree[J]. International Journal of Robotics Research, 2012, 31(2): 216-235.

[103] Bosse M, Newman P, Leonard J, et al. An Atlas Framework for Scalable Mapping[C]. Taipei, Taiwan, China: IEEE International Conference on Robotics and Automation, 2003: 1899-1906.

[104] Carlone L, Aragues R, Castellanos J A, et al. A Linear Approximation for Graph-based Simultaneous Localization and Mapping[C]. Los Angeles, CA, United States: International Conference on Robotics Science and Systems, 2012: 41-48.

[105] Zhao L, Huang S, Dissanayake G. Linear SLAM: A Linear Solution to the Feature-based and Pose graph SLAM Based on Submap Joining[C]. Tokyo, Japan: IEEE/RSJ International Conference on Intelligent Robots and Systems, 2013: 24-30.

[106] Kümmerle R, Grisetti G, Strasdat H, et al. G$^2$o: A General Framework for Graph Optimization[C]. Shanghai, China: IEEE International Conference on Robotics and Automation, 2011: 3607-3613.

[107] Olson E, Agarwal P. Inference on networks of mixtures for robust robot mapping[J]. The International Journal of Robotics Research, 2013, 32(7SI): 826-840.

[108] Sünderhauf N, Protzel P. Switchable Constraints for Robust Pose Graph SLAM[C]. Vilamoura, Algarve, Portugal: IEEE/RSJ International Conference on Robotics and Intelligent Systems, 2012: 1879-1884.

[109] Agarwal P, Tipaldi G D, Spinello L, et al. Robust Map Optimization Using Dynamic Covariance Scaling[C]. Karlsruhe, Germany: IEEE International Conference on Robotics and Automation, 2013: 62-69.

[110] Latif Y, Cadena C, Neira J. Robust loop closing over time for pose graph

SLAM[J]. The International Journal of Robotics Research, 2013, 32(14): 1611-1626.

[111] Lee G H, Fraundorfer F, Pollefeys M. Robust Pose-Graph Loop-Closures with Expectation-Maximization[C]. Tokyo, Japan: IEEE/RSJ International Conference on Intelligent Robots and Systems, 2013: 556-563.

# 第2章 SLAM 随机概率模型及算法框架

## 2.1 引 言

    概率论是机器人学和人工智能学等研究领域中一个重要理论工具。以概率论中的贝叶斯定理为基础而建立的贝叶斯滤波技术,可以根据随机状态向量的先验信息以及所获得的状态观测值,实现对状态向量后验概率分布的递归估计。从本质上来看,SLAM 问题是一个多维非线性状态估计问题。Thrun 等人[1]基于概率统计学理论和建模方法,对移动机器人自我定位、环境感知等应用中的系统状态估计问题及相应的求解方法进行了系统性总结。本章将主要介绍概率机器人学基础、贝叶斯估计理论以及几种典型的贝叶斯滤波技术在移动机器人 SLAM 问题上的具体算法实现。本章首先对基于概率模型表示的 SLAM 问题进行了简要描述,同时给出了相关的数学表达式及通用的贝叶斯滤波估计流程。随后,在此基础上详细介绍了三种基于不同贝叶斯滤波技术的 SLAM 算法原理及相应的实现方法,具体包括高斯滤波 SLAM 算法、FastSLAM 算法和概率假设密度 SLAM 算法。

## 2.2 概率机器人学基础

在利用概率论方法求解移动机器人定位和地图创建问题时,诸如传感器测量值、外部传感器控制值、机器人自身位姿状态及其所处环境信息等变量均需被表示成相应的随机变量。在概率论方法中,对随机变量取值进行推断需要遵循相应的一般规律和准则。本节对本书中涉及概率论的基本知识点进行了归纳与总结,以帮助读者更好地理解后续章节中关于各类型 SLAM 改进算法的推导过程。

### 2.2.1 概率统计学基础

设 $x$ 为一个随机变量,若存在非负实函数 $p(x)$,对于任意实数 $a < b$,有

$$p(a \leqslant x \leqslant b) = \int_a^b p(x)\mathrm{d}x \tag{2.1}$$

则称 $p(x)$ 为 $x$ 的概率密度函数,简称概率密度或密度函数,用于描述连续型随机变量所服从的概率分布。类似地,对于由 $N$ 个连续变量 $x_i \in [a,b]$ 组成的向量, $p(\boldsymbol{x}) = p(x_1, x_2, \cdots, x_N)$ 就表示它们的联合概率密度。当关于两个随机向量 $\boldsymbol{x}[\boldsymbol{x} = (x_1, x_2, \cdots, x_N)]$ 和 $\boldsymbol{z}[\boldsymbol{x} = (z_1, z_2, \cdots, z_M)]$ 的联合概率密度 $p(\boldsymbol{x}, \boldsymbol{z})$ 满足式(2.2),则称它们两者之间是统计独立的:

$$p(\boldsymbol{x}, \boldsymbol{z}) = p(\boldsymbol{x})p(\boldsymbol{z}) \tag{2.2}$$

更一般地,两个随机向量 $\boldsymbol{x}$ 和 $\boldsymbol{z}$ 的联合概率密度可以分解为其中任意一个向量的条件概率和非条件概率的乘积:

$$p(\boldsymbol{x}, \boldsymbol{z}) = p(\boldsymbol{x}|\boldsymbol{z})p(\boldsymbol{z}) = p(\boldsymbol{z}|\boldsymbol{x})p(\boldsymbol{x}) \tag{2.3}$$

式(2.3)经过整理后,可以得到贝叶斯法则(Bayes' rule)的基本表示形式:

$$p(\boldsymbol{x}|\boldsymbol{z}) = \frac{p(\boldsymbol{z}|\boldsymbol{x})p(\boldsymbol{x})}{p(\boldsymbol{z})} = \frac{p(\boldsymbol{z}|\boldsymbol{x})p(\boldsymbol{x})}{\int p(\boldsymbol{z}|\boldsymbol{x})p(\boldsymbol{x})\mathrm{d}x} \tag{2.4}$$

其中,分子部分的 $p(\boldsymbol{x})$ 和 $p(\boldsymbol{z}|\boldsymbol{x})$ 分别称为随机向量 $\boldsymbol{x}$ 的先验概率和似然函数。对于非线性系统,分母中的积分算式在实际计算时往往需要借助各种非线性近

似方法来实现。

在一些机器人运动学应用中处理概率密度函数时，我们通常只需要跟踪一些称为质量矩的属性，例如质量、质心、惯性矩阵等。具体说来，$N$ 阶矩被定义为向量的 $N$ 次方与其概率密度函数之乘积的积分。常用的一阶矩称为均值，记作 $\boldsymbol{\mu}$：

$$\boldsymbol{\mu} = E(\boldsymbol{x}) = \int \boldsymbol{x} p(\boldsymbol{x}) \mathrm{d}\boldsymbol{x} \tag{2.5}$$

其中，$E(\cdot)$ 为数学期望运算符。

向量的二阶矩又称为协方差矩阵，记作 $\boldsymbol{\Sigma}$，计算公式如下：

$$\boldsymbol{\Sigma} = E\left[(\boldsymbol{x} - \boldsymbol{\mu})(\boldsymbol{x} - \boldsymbol{\mu})^{\mathrm{T}}\right] \tag{2.6}$$

我们在估计未知随机向量的概率密度函数时，负熵（negative entropy）是常用来量化估计结果的确定程度的指标之一，其定义如下：

$$H(\boldsymbol{x}) = -E[\ln p(\boldsymbol{x})] = -\int p(\boldsymbol{x}) \ln p(\boldsymbol{x}) \mathrm{d}\boldsymbol{x} \tag{2.7}$$

而对于两个随机向量 $\boldsymbol{x}$ 和 $\boldsymbol{z}$，用以评价两者之间依赖程度的一个度量称为互信息（mutual information），其定义如下：

$$I(\boldsymbol{x}, \boldsymbol{z}) = \iint p(\boldsymbol{x}, \boldsymbol{z}) \ln \left[\frac{p(\boldsymbol{x}, \boldsymbol{z})}{p(\boldsymbol{x}) p(\boldsymbol{z})}\right] \mathrm{d}\boldsymbol{x} \mathrm{d}\boldsymbol{z} \tag{2.8}$$

若两个向量之间互相独立，则互信息 $I(\boldsymbol{x}, \boldsymbol{z}) = 0$。此外，互信息和负熵之间的计算关系如下：

$$I(\boldsymbol{x}, \boldsymbol{z}) = H(\boldsymbol{x}) + H(\boldsymbol{z}) - H(\boldsymbol{x}, \boldsymbol{z}) \tag{2.9}$$

对于一个符合多维高斯分布的随机向量 $\boldsymbol{x} \in \mathbb{R}^N$，其概率密度函数 $p(\boldsymbol{x}|\boldsymbol{\mu}, \boldsymbol{\Sigma})$ 定义如下：

$$p(\boldsymbol{x}|\boldsymbol{\mu}, \boldsymbol{\Sigma}) = \frac{1}{\sqrt{(2\pi)^N \det \boldsymbol{\Sigma}}} \exp\left[-\frac{1}{2}(\boldsymbol{x} - \boldsymbol{\mu})^{\mathrm{T}} \boldsymbol{\Sigma}^{-1}(\boldsymbol{x} - \boldsymbol{\mu})\right] \tag{2.10}$$

其中，$\boldsymbol{\mu} \in \mathbb{R}^N$ 为相同维度的均值向量，$\boldsymbol{\Sigma} \in \mathbb{R}^{N \times N}$ 为对称正定的协方差矩阵。随机向量符合高斯分布也可以简单表示成 $\boldsymbol{x} \sim \mathcal{N}(\boldsymbol{\mu}, \boldsymbol{\Sigma})$。

### 2.2.2　机器人学不确定性

随着机器人智能化程度不断提高，无论是遥控机器人、交互机器人，还是自主机器人，都需要越来越多地借助传感器感知自身和外部环境的各种参数变化，进而为控制和决策系统作出适当的响应以提供数据参考。在机器人运动及观测过程中，由于受其携带的各种传感器设备精度限制及各种外部环境干扰等因素的影响，所有从传感器获得的数据都存在一定的不确定性。虽然某些传感器相对于其他传感器能获得更为精确的测量值，但是即使是性能最好的传感器，也仍然存在一定程度的误差。因此，当我们利用各种传感器测量值的组合对机器人的状态进行估计时，需要对所有的估计不确定性进行跟踪分析，以便掌握估计结果的可靠程度。

根据传感器检测对象的不同，机器人携带的传感器可以分为内部传感器（interoceptive sensors）和外部传感器（exteroceptive sensors）。内部传感器是用来检测机器人自身状态的传感器，检测量多为位置/姿态角、速度/角速度、加速度/角加速度和内力/内力矩等；外部传感器是用来检测机器人所处环境状况的传感器，检测量多为距离、外力/外力矩、声音和图像等。在典型移动机器人中，通常会配置例如加速度计、陀螺仪、车轮里程计等内部传感器和相机、激光测距仪、GPS 接收器等外部传感器。

在大多数情况下，为获得机器人状态的最佳估计结果，需要同时将内部传感器和外部传感器的测量数据进行融合处理与分析，并借助基于概率统计原理的贝叶斯滤波器等方法计算估计结果及其不确定度。例如，为估计自动驾驶车辆当前所在位置，通常会选择惯性测量单元和 GPS 接收器构成的内外部传感器组合。

## 2.3　贝叶斯状态估计原理及方法

状态估计是指在给定一系列传感器测量值以及系统先验模型的情况下求解系统未知状态的一类问题[2]。贝叶斯状态估计方法基于概率分布和概率积分等数学工具建立概率计算模型。该模型充分考虑了被估计系统的时变性及不确定性，并根据贝叶斯准则推理，最终确定当前时刻系统未知状态的估计值。

## 2.3.1 贝叶斯模型构成

贝叶斯模型由运动模型和测量模型两部分构成，其中运动模型包含了被估计状态的先验信息，测量模型决定了被估计状态及其观测值的随机映射。将贝叶斯法则应用于给定的运动模型和测量模型时，就可以由观测值推断出被估计状态的后验分布，进而得到未知状态的估计值。

运动模型用于描述系统运动特性，其不确定性用马尔可夫序列表示，并定义转移概率分布为 $p(\boldsymbol{x}_k|\boldsymbol{x}_{k-1})$。

测量模型用于描述测量值与当前时刻状态之间的关系，为已知状态条件下的条件概率分布，用 $p(\boldsymbol{z}_k|\boldsymbol{x}_k)$ 表示。

此外，在某些运动系统估计问题中，时变状态的初始分布也可作为已知条件应用于贝叶斯估计。初始分布是指在初始时刻未知状态 $\boldsymbol{x}_0$ 的先验概率分布，用 $p(\boldsymbol{x}_0)$ 表示。

综上，典型的概率状态空间模型可以表示为以下形式：

$$
\begin{aligned}
\boldsymbol{x} &\sim p(\boldsymbol{x}_0) \\
\boldsymbol{x}_k &\sim p(\boldsymbol{x}_k|\boldsymbol{x}_{k-1}) \\
\boldsymbol{z}_k &\sim p(\boldsymbol{z}_k|\boldsymbol{x}_k)
\end{aligned}
\tag{2.11}
$$

## 2.3.2 贝叶斯滤波方程及求解方法

给定如下的典型概率状态空间模型：

$$
\begin{aligned}
\boldsymbol{x}_k &\sim p(\boldsymbol{x}_k|\boldsymbol{x}_{k-1}) \\
\boldsymbol{z}_k &\sim p(\boldsymbol{z}_k|\boldsymbol{x}_k)
\end{aligned}
\tag{2.12}
$$

其中，$\boldsymbol{x}_k \in \mathbb{R}^n$ 表示 $k$ 时刻的系统状态，$\boldsymbol{z}_k \in \mathbb{R}^m$ 表示 $k$ 时刻的测量值，$p(\boldsymbol{x}_k|\boldsymbol{x}_{k-1})$ 和 $p(\boldsymbol{z}_k|\boldsymbol{x}_k)$ 分别表示随机动态系统的运动模型和测量模型。假设上述概率状态空间模型具备马尔可夫性，即不同时刻状态量的独立性和测量值的条件独立性。

状态的独立性是指，当给定 $k-1$ 时刻的状态 $\boldsymbol{x}_{k-1}$ 时，当前时刻的状态 $\boldsymbol{x}_k$ 与 $k-1$ 时刻之前的所有状态无关；当给定当前时刻状态 $\boldsymbol{x}_k$ 时，$k-1$ 时刻的状态 $\boldsymbol{x}_{k-1}$ 与 $k+1$ 时刻之后的所有状态无关，即

$$p(\boldsymbol{x}_k|\boldsymbol{x}_{1:k-1},\boldsymbol{z}_{1:k-1}) = p(\boldsymbol{x}_k|\boldsymbol{x}_{k-1})$$
$$p(\boldsymbol{x}_{k-1}|\boldsymbol{x}_{k:T},\boldsymbol{z}_{k:T}) = p(\boldsymbol{x}_{k-1}|\boldsymbol{x}_k)$$
（2.13）

测量值的条件独立性是指，当给定当前时刻状态 $\boldsymbol{x}_k$ 时，当前时刻的测量值 $\boldsymbol{z}_k$ 与之前的所有测量值和状态均无关，即

$$p(\boldsymbol{z}_k|\boldsymbol{x}_{1:k},\boldsymbol{z}_{1:k-1}) = p(\boldsymbol{z}_k|\boldsymbol{x}_k)$$
（2.14）

贝叶斯滤波的目的是在给定 $k$ 时刻及其之前所有测量值的条件下，计算每一时刻相应状态 $\boldsymbol{x}_k$ 的边缘后验分布 $p(\boldsymbol{x}_k|\boldsymbol{z}_{1:k})$。贝叶斯滤波估计方法基于状态空间模型马尔可夫性假设，采用递归的方式计算当前时刻的预测分布 $p(\boldsymbol{x}_k|\boldsymbol{z}_{1:k-1})$ 和后验分布 $p(\boldsymbol{x}_k|\boldsymbol{z}_{1:k})$，具体步骤如下。

（1）系统初始化

根据给定的先验分布 $p(\boldsymbol{x}_0)$，开始递归运算。

（2）预测阶段

根据给定的运动模型，通过查普曼-科莫高洛夫（Chapman-Kolmogorov）方程计算当前时刻的预测分布：

$$p(\boldsymbol{x}_k|\boldsymbol{z}_{1:k-1}) = \int p(\boldsymbol{x}_k|\boldsymbol{x}_{k-1})p(\boldsymbol{x}_{k-1}|\boldsymbol{z}_{1:k-1})\mathrm{d}\boldsymbol{x}_{k-1}$$
（2.15）

（3）测量更新阶段

给定 $k$ 时刻的测量值 $\boldsymbol{z}_k$，根据贝叶斯法则，状态 $\boldsymbol{x}_k$ 的后验分布由下式得到：

$$p(\boldsymbol{x}_k|\boldsymbol{z}_{1:k}) = \frac{1}{Z_k}p(\boldsymbol{z}_k|\boldsymbol{x}_k)p(\boldsymbol{x}_k|\boldsymbol{z}_{1:k-1})$$
（2.16）

其中，归一化常量 $Z_k$ 的值为

$$Z_k = \int p(\boldsymbol{z}_k|\boldsymbol{x}_k)p(\boldsymbol{x}|\boldsymbol{z}_{1:k-1})\mathrm{d}\boldsymbol{x}_k$$
（2.17）

### 2.3.3 高斯滤波器

假设给定的非线性系统状态的密度函数符合高斯分布，则对系统状态进行

预测与测量更新估计的核心问题转化为求解如下所示的非线性高斯积分的近似值：

$$\int g(\boldsymbol{x}_k)\mathcal{N}(\boldsymbol{x}_k|\boldsymbol{m}_k,\boldsymbol{P}_k)\mathrm{d}\boldsymbol{x}_k \tag{2.18}$$

其中，$g(\boldsymbol{x}_k)$ 为任意关于系统状态 $\boldsymbol{x}_k$ 的非线性函数。

通过采用高斯矩匹配（moment matching）方法对上述积分进行近似，再结合贝叶斯滤波算法，可以推导出完整的高斯滤波算法。

（1）预测阶段

$$\begin{aligned}
\boldsymbol{m}_{k|k-1} &= \int f(\boldsymbol{x}_{k-1})\mathcal{N}(\boldsymbol{x}_{k-1}|\boldsymbol{m}_{k-1},\boldsymbol{P}_{k-1})\mathrm{d}\boldsymbol{x}_{k-1} \\
\boldsymbol{P}_{k|k-1} &= \int f(\boldsymbol{x}_{k-1}-\boldsymbol{m}_{k|k-1})f(\boldsymbol{x}_{k-1}-\boldsymbol{m}_{k|k-1})^{\mathrm{T}}\times \\
&\quad \mathcal{N}(\boldsymbol{x}_{k-1}|\boldsymbol{m}_{k-1},\boldsymbol{P}_{k-1})\mathrm{d}\boldsymbol{x}_{k-1}+\boldsymbol{Q}_{k-1}
\end{aligned} \tag{2.19}$$

其中，$\boldsymbol{m}_{k|k-1}$ 和 $\boldsymbol{P}_{k|k-1}$ 分别为系统状态预测分布的均值和协方差矩阵。

（2）测量更新阶段

$$\begin{aligned}
\boldsymbol{\mu}_k &= \int h(\boldsymbol{x}_k)\mathcal{N}(\boldsymbol{x}_k|\boldsymbol{m}_{k|k-1},\boldsymbol{P}_{k|k-1})\mathrm{d}\boldsymbol{x}_k \\
\boldsymbol{S}_k &= \int [h(\boldsymbol{x}_k)-\boldsymbol{\mu}_k][h(\boldsymbol{x}_k)-\boldsymbol{\mu}_k]^{\mathrm{T}}\mathcal{N}(\boldsymbol{x}_k|\boldsymbol{m}_{k|k-1},\boldsymbol{P}_{k|k-1})\mathrm{d}\boldsymbol{x}_k+\boldsymbol{R}_k \\
\boldsymbol{C}_k &= \int [\boldsymbol{x}_k-\boldsymbol{m}_{k|k-1}][h(\boldsymbol{x}_k)-\boldsymbol{\mu}_k]^{\mathrm{T}}\mathcal{N}(\boldsymbol{x}_k|\boldsymbol{m}_{k|k-1},\boldsymbol{P}_{k|k-1})\mathrm{d}\boldsymbol{x}_k
\end{aligned} \tag{2.20}$$

其中，$\boldsymbol{\mu}_k$ 为测量新值，$\boldsymbol{S}_k$ 为测量协方差矩阵，$\boldsymbol{C}_k$ 为测量交叉协方差矩阵。

$$\begin{aligned}
\boldsymbol{K}_k &= \boldsymbol{C}_k\boldsymbol{S}_k^{-1} \\
\boldsymbol{m}_k &= \boldsymbol{x}_{k|k-1}+\boldsymbol{K}_k(\boldsymbol{y}_k-\boldsymbol{\mu}_k) \\
\boldsymbol{P}_k &= \boldsymbol{P}_{k|k-1}-\boldsymbol{K}_k\boldsymbol{S}_k\boldsymbol{K}_k^{\mathrm{T}}
\end{aligned} \tag{2.21}$$

其中，$\boldsymbol{K}_k$ 为卡尔曼增益，$\boldsymbol{m}_{k|k-1}$ 和 $\boldsymbol{P}_{k|k-1}$ 分别为经过高斯滤波估计算法得到的状态均值和协方差矩阵。

上述高斯滤波器算法是一种通用的理论性表述，在具体实现非线性高斯积分项的近似计算时，可以采用中心差分法、无迹转换法、求面积分法、容积法等多种闭环求解析解的方式，再结合贝叶斯滤波算法的通用步骤，从而形成不同形式的高斯滤波器算法。常用的高斯滤波器算法包括中心差分卡尔曼滤波器、无迹卡尔曼滤波器、求面积卡尔曼滤波器、容积卡尔曼滤波器等。

### 2.3.4 粒子滤波器

当非线性系统的状态为多模态分布或者状态向量中部分元素为离散分布时，上述各种高斯近似方法将无法适用。采用蒙特卡罗法则的数值方法，可以在理论上逼近任意非线性函数的积分。该方法首先从提议分布中随机抽取独立样本，然后为每个抽样样本计算对应的权重值，最后通过样本加权实现后验分布的统计量估计。粒子滤波器基于蒙特卡罗法则，它通过随机选择的样本集来近似后验概率分布，可以表示任意非线性系统的状态分布，支持同时表示离散和连续状态，并可对算法的计算复杂度进行调节。

标准粒子滤波器算法流程总结如下。

（1）粒子集初始化

在 $k=0$ 时刻，对于 $i=1,2,\cdots,N$，由先验 $p(\boldsymbol{x}_0)$ 生成 $N$ 个采样粒子 $\boldsymbol{x}_0^{(i)}$，粒子权值均设为 $w_0^{(i)}=1/N$，粒子集用 $\{\boldsymbol{x}_0^{(i)}\}_{i=1}^N$ 进行表示。

（2）粒子采样

在 $k=1,2,\cdots,K$ 时刻，循环执行以下步骤：

➤ 首先根据下式从重要性分布中生成采样粒子 $\boldsymbol{x}_k^{(i)}$

$$\boldsymbol{x}_k^{(i)} \sim \pi(\boldsymbol{x}_k|\boldsymbol{x}_{0:k-1}^{(i)}, \boldsymbol{y}_{1:k}), i=1,2,\cdots,N \tag{2.22}$$

➤ 然后计算粒子对应权值 $w_k^{(i)}$

$$w_k^{(i)} \propto w_{k-1}^{(i)} \frac{p(\boldsymbol{z}_k|\boldsymbol{x}_k^{(i)})p(\boldsymbol{x}_k^{(i)}|\boldsymbol{x}_{k-1}^{(i)})}{\pi(\boldsymbol{x}_k^{(i)}|\boldsymbol{x}_{0:k-1}^{(i)}, \boldsymbol{z}_{1:k})} \tag{2.23}$$

➤ 最后将权值进行归一化处理，即

$$w_k^{(i)} = \frac{w_k^{(i)}}{\sum_{i=1}^N w_k^{(i)}} \tag{2.24}$$

（3）粒子重采样

> 将粒子权值 $w_k^{(i)}$ 当作从采样后粒子集 $\{\boldsymbol{x}_k^{(i)}\}_{i=1}^N$ 中抽样获得第 $i$ 个粒子 $\boldsymbol{x}_k^{(i)}$ 的概率，从而形成相应的离散概率分布。

> 从上述离散概率分布中抽取 $N$ 个样本代替之前的粒子集。

> 设置新的粒子权值为常数值，即 $w_k^{(i)} = 1/N$。

（4）计算 $k$ 时刻的状态估计值

$$\hat{\boldsymbol{x}}_k = \sum_{i=1}^N w_k^{(i)} \boldsymbol{x}_k^{(i)} \tag{2.25}$$

在类似移动机器人同时定位于地图重建问题中，给定的非线性系统的状态一般可以分解成两部分，其中一部分需要采用蒙特卡罗采样方法求解，而另一部分可以直接求得解析解。此时，对标准粒子滤波器进行改进形成 Rao-Blackwellized 粒子滤波器，其核心是基于 Rao-Blackwellizaton 理论中的边缘化思想，将原本有限个数的蒙特卡罗粒子替换成由无穷数量闭环形式粒子组成的粒子集，进而大幅度降低估计方差。

Rao-Blackwellized 粒子滤波器算法的流程总结如下。

给定 $k-1$ 时刻的加权粒子集合 $\langle w_{k-1}^{(i)}, \boldsymbol{u}_{k-1}^{(i)}, \boldsymbol{m}_{k-1}^{(i)}, \boldsymbol{P}_{k-1}^{(i)} \rangle_{i=1}^N$ 和重要性分布序列 $\pi(\boldsymbol{u}_k | \boldsymbol{u}_{0:k-1}^{(i)}, \boldsymbol{z}_{1:k})$，当获取到 $k$ 时刻的测量值 $\boldsymbol{z}_k$ 时，采用以下步骤进行运算。

步骤 1：根据 $k-1$ 时刻的隐变量 $\boldsymbol{u}_{k-1}^{(i)}$，利用卡尔曼滤波器分别为每个粒子计算状态向量的预测值。

$$\begin{aligned} \boldsymbol{m}_{k|k-1}^{(i)} &= \boldsymbol{A}_{k-1}(\boldsymbol{u}_{k-1}^{(i)}) \boldsymbol{m}_{k-1}^{(i)} \\ \boldsymbol{P}_{k|k-1}^{(i)} &= \boldsymbol{A}_{k-1}(\boldsymbol{u}_{k-1}^{(i)}) \boldsymbol{P}_{k-1}^{(i)} \boldsymbol{A}_{k-1}^{\mathrm{T}}(\boldsymbol{u}_{k-1}^{(i)}) + \boldsymbol{Q}_{k-1}(\boldsymbol{u}_{k-1}^{(i)}) \end{aligned} \tag{2.26}$$

其中，$\boldsymbol{A}_{k-1}^{(i)}(\boldsymbol{u}_{k-1}^{(i)})$ 为与隐变量 $\boldsymbol{u}_{k-1}^{(i)}$ 相关的状态转移矩阵，$\boldsymbol{Q}_{k-1}(\boldsymbol{u}_{k-1}^{(i)})$ 为与隐变量 $\boldsymbol{u}_{k-1}^{(i)}$ 相关的运动噪声。

步骤 2：为每个粒子从其对应的重要性分布中计算新的隐变量值 $\boldsymbol{u}_k^{(i)}$。

$$\boldsymbol{u}_k^{(i)} \sim \pi(\boldsymbol{u}_k | \boldsymbol{u}_{0:k-1}^{(i)}, \boldsymbol{z}_{1:k}) \tag{2.27}$$

步骤 3：更新粒子权值。

$$w_k^{(i)} \propto w_{k-1}^{(i)} \frac{p(\boldsymbol{z}_k|\boldsymbol{u}_{0:k}^{(i)}, \boldsymbol{z}_{1:k-1})p(\boldsymbol{u}_k^{(i)}|\boldsymbol{u}_{k-1}^{(i)})}{\pi(\boldsymbol{u}_k^{(i)}|\boldsymbol{u}_{0:k-1}^{(i)}, \boldsymbol{z}_{1:k})} \tag{2.28}$$

其中，似然概率部分为卡尔曼滤波器的边缘测量似然概率，即

$$
\begin{aligned}
&p(\boldsymbol{z}_k|\boldsymbol{u}_{0:k}^{(i)}, \boldsymbol{z}_{1:k-1}) \\
&= \mathcal{N}\big(\boldsymbol{z}_k|\boldsymbol{H}_k(\boldsymbol{u}_k^{(i)})\boldsymbol{m}_{k|k-1}^{(i)}, \boldsymbol{H}_k(\boldsymbol{u}_k^{(i)})\boldsymbol{P}_{k|k-1}^{(i)}\boldsymbol{H}_k^{\mathrm{T}}(\boldsymbol{u}_k^{(i)}) + \boldsymbol{R}_k(\boldsymbol{u}_k^{(i)})\big)
\end{aligned}
\tag{2.29}
$$

其中，$\boldsymbol{H}_k(\boldsymbol{u}_k^{(i)})$和$\boldsymbol{R}_k(\boldsymbol{u}_k^{(i)})$分别为与隐变量$\boldsymbol{u}_k^{(i)}$相关的测量矩阵和测量噪声。然后将权值进行归一化处理，即

$$w_k^{(i)} = \frac{w_k^{(i)}}{\sum_{i=1}^{N} w_k^{(i)}} \tag{2.30}$$

步骤 4：在隐变量$\boldsymbol{u}_k^{(i)}$有新的值更新时，利用卡尔曼滤波器对每个粒子的状态进行测量更新。

$$
\begin{aligned}
\boldsymbol{v}_k^{(i)} &= \boldsymbol{z}_k - \boldsymbol{H}_k(\boldsymbol{u}_k^{(i)})\boldsymbol{m}_{k|k-1}^{(i)} \\
\boldsymbol{S}_k^{(i)} &= \boldsymbol{H}_k(\boldsymbol{u}_k^{(i)})\boldsymbol{P}_{k|k-1}^{(i)}\boldsymbol{H}_k^{\mathrm{T}}(\boldsymbol{u}_k^{(i)}) + \boldsymbol{R}_k(\boldsymbol{u}_k^{(i)}) \\
\boldsymbol{K}_k^{(i)} &= \boldsymbol{P}_{k|k-1}^{(i)}\boldsymbol{H}_k^{\mathrm{T}}(\boldsymbol{u}_k^{(i)})\boldsymbol{S}_k^{-1} \\
\boldsymbol{m}_k^{(i)} &= \boldsymbol{m}_{k|k-1}^{(i)} + \boldsymbol{K}_k^{(i)}\boldsymbol{v}_k^{(i)} \\
\boldsymbol{P}_k^{(i)} &= \boldsymbol{P}_{k|k-1}^{(i)} - \boldsymbol{K}_k^{(i)}\boldsymbol{S}_k^{(i)}(\boldsymbol{K}_k^{(i)})^{\mathrm{T}}
\end{aligned}
\tag{2.31}
$$

步骤 5：当有效粒子个数小于给定阈值时，执行重采样操作。

➢ 将粒子权值$w_k^{(i)}$当作从采样后粒子集$\{\boldsymbol{x}_k^{(i)}\}_{i=1}^N$中抽样获得第$i$个粒子$\boldsymbol{x}_k^{(i)}$的概率，从而形成相应的离散概率分布。

➢ 从上述离散概率分布中抽取 $N$ 个样本代替之前的粒子集。

➢ 设置新的粒子权值为常数值，即$w_k^{(i)} = 1/N$。

执行完上述步骤后，在$k$时刻的加权粒子集为$\langle w_k^{(i)}, \boldsymbol{u}_k^{(i)}, \boldsymbol{m}_k^{(i)}, \boldsymbol{P}_k^{(i)}\rangle_{k=1}^N$，状态$\boldsymbol{x}_k$与隐变量$\boldsymbol{u}_k$的联合后验概率密度估计值为

$$p(\boldsymbol{x}_k, \boldsymbol{u}_k | \boldsymbol{z}_{1:k}) \approx \sum_{i=1}^{N} w_k^{(i)} \delta(\boldsymbol{u}_k - \boldsymbol{u}_k^{(i)}) \mathcal{N}(\boldsymbol{x}_k | \boldsymbol{m}_k^{(i)}, \boldsymbol{P}_k^{(i)}) \qquad (2.32)$$

其中，$\delta(\cdot)$ 为狄拉克函数。

### 2.3.5 概率假设密度滤波器

在对多个目标状态进行估计时，其中一类方法是应用各种数据关联技术，将测量值与目标进行一一对应，再结合贝叶斯滤波器估计单个目标状态。基于数据关联的多目标估计算法的计算复杂度将随着目标个数呈指数级增长。另一类方法是基于有限集统计理论，将测量值和多目标状态均表示为随机有限集形式，并对多目标状态随机有限集的一阶统计矩进行预测和更新。第二类方法统称为概率假设密度滤波器算法，该类算法提供了一种易处理、用于多目标状态估计的次优策略。

概率假设密度滤波器是一种根据给定含有杂波干扰的多目标测量值集合，采用递归方式对目标个数及其状态向量进行估计的滤波算法，其算法流程总结如下。

> 假设 1：每个运动目标各自独立演化及生成观测值。
> 假设 2：杂波干扰符合泊松分布，且与目标的测量值无关。
> 假设 3：预测估计的多目标状态随机有限集符合泊松分布。

（1）预测阶段

$$\boldsymbol{v}_{k|k-1}(\boldsymbol{x}) = \int p_{s,k}(\boldsymbol{\xi}) \boldsymbol{f}_{k|k-1}(\boldsymbol{x}|\boldsymbol{\xi}) \boldsymbol{v}_{k-1}(\boldsymbol{\xi}) \mathrm{d}\boldsymbol{\xi} + b_k(\boldsymbol{x}) \qquad (2.33)$$

其中，$\boldsymbol{v}_{k-1}$ 表示 $k-1$ 时刻的多目标状态随机集后验强度值，$\boldsymbol{v}_{k|k-1}$ 表示 $k$ 时刻的多目标状态随机集预测强度值，$p_{s,k}(\boldsymbol{\xi})$ 为目标生存概率，$f_{k|k-1}(\cdot|\boldsymbol{\xi})$ 为单个目标状态转换函数，$b_k(\boldsymbol{x})$ 为自发生成目标随机集强度值。

（2）测量更新阶段

$$\begin{aligned}
\boldsymbol{v}_k(\boldsymbol{x}) &= [1 - p_{D,k}(\boldsymbol{x})] \boldsymbol{v}_{k|k-1}(\boldsymbol{x}) \\
&+ \sum_{\boldsymbol{z} \in \boldsymbol{Z}_k} \frac{p_{D,k}(\boldsymbol{x}) g_k(\boldsymbol{z}|\boldsymbol{x}) \boldsymbol{v}_{k|k-1}(\boldsymbol{x})}{\lambda_k c_k(\boldsymbol{z}) + \int p_{D,k}(\boldsymbol{\xi}) g_k(\boldsymbol{z}|\boldsymbol{\xi}) \boldsymbol{v}_{k|k-1}(\boldsymbol{\xi}) \mathrm{d}\boldsymbol{\xi}}
\end{aligned} \qquad (2.34)$$

其中，$\boldsymbol{Z}_k$ 为 $k$ 时刻的目标测量集，$p_{D,k}(\boldsymbol{x})$ 为目标被成功探测到的概率，$g_k(\boldsymbol{z}|\boldsymbol{x})$ 为单个目标测量似然函数，$c_k(\boldsymbol{z})$ 为杂波干扰测量强度值，$\lambda_k$ 为每个测量值含有杂波干扰的平均个数。

（3）目标状态提取：

目标个数估计值 $N_k$ 为

$$N_k = \int_S \boldsymbol{v}_k(\boldsymbol{\xi})\mathrm{d}\boldsymbol{\xi} \tag{2.35}$$

其中，$\boldsymbol{S} \subset \boldsymbol{R}^d$ 表示监测区域，$d$ 为目标状态维度值。选取 $k$ 时刻状态后验强度值曲线中 round($N_k$) 个最大的峰值，其所对应的各点坐标即为各目标的状态估计值（位置）。

上述概率假设密度滤波器在具体实现时可分成两种方式：第一种为近似的方式，称为粒子概率假设密度滤波器（particle PHD filter），亦称 particle PHD 滤波器，它结合了序列蒙特卡罗粒子采样和 $k$ 均值（$k$-means）或者期望最大化等簇集方法对后验强度函数进行估计；第二种称为高斯混合概率假设密度滤波器（Gaussian mixture PHD filter），亦称 GM-PHD 滤波器，它通过加权高斯混合分量表示方式，在系统方程为线性高斯的条件下，可以获得其后验强度函数的解析解。通常而言，GM-PHD 滤波器因其避免了大规模数量的粒子集以及在最终目标状态提取简便，从而相比 particle PHD 滤波器更加实用。

标准 GM-PHD 滤波器算法流程总结如下。

➢ 假设 1：每个运动目标各自独立演化及生成观测值。

➢ 假设 2：杂波干扰符合泊松分布，且与由目标产生的测量值无关。

➢ 假设 3：预测估计的多目标状态随机有限集符合泊松分布。

➢ 假设 4：每个目标的运动方程和测量方程均符合线性高斯特性。

➢ 假设 5：目标的生存和被成功探测到的概率均与状态无关。

➢ 假设 6：新生目标的有限集强度值可以表示为高斯加权混合方式：

$$b_k(\boldsymbol{x}) = \sum_{j=1}^{J_{b,k}} w_{b,k}^{(j)} \mathcal{N}(\boldsymbol{x}; \boldsymbol{m}_{b,k}^{(j)}, \boldsymbol{P}_{b,k}^{(j)}) \tag{2.36}$$

其中，$\mathcal{N}(\boldsymbol{x}; \boldsymbol{m}, \boldsymbol{P})$ 表示高斯分布。

（1）预测阶段

将 $k-1$ 时刻的目标后验强度 $\boldsymbol{v}_{k-1}(\boldsymbol{x})$ 表示为高斯混合方式：

$$v_{k-1}(\boldsymbol{x}) = \sum_{j=1}^{J_{k-1}} w_{k-1}^{(j)} \mathcal{N}(\boldsymbol{x}; \boldsymbol{m}_{k-1}^{(j)}, \boldsymbol{P}_{k-1}^{(j)}) \tag{2.37}$$

其中，$J_{k-1}$ 表示高斯混合项的总个数，$w_{k-1}^{(j)}$ 表示第 $j$ 个高斯混合项的权值，$\boldsymbol{m}_{k-1}^{(j)}$ 和 $\boldsymbol{P}_{k-1}^{(j)}$ 分别表示第 $i$ 个高斯分布的均值和方差。

根据式（2.33），预测的目标后验强度计算如下：

$$\begin{aligned} v_{k|k-1}(\boldsymbol{x}) = {} & p_{S,k} \sum_{j=1}^{J_{k-1}} w_{k-1}^{(j)} \mathcal{N}(\boldsymbol{x}; \boldsymbol{m}_{k|k-1}^{(j)}, \boldsymbol{P}_{k|k-1}^{(j)}) \\ & + \sum_{j=1}^{J_{b,k}} w_{b,k}^{(j)}(\boldsymbol{x}; \boldsymbol{m}_{b,k}^{(j)}, \boldsymbol{P}_{b,k}^{(j)}) \end{aligned} \tag{2.38}$$

其中，均值 $\boldsymbol{m}_{k|k-1}^{(j)}$ 和方差 $\boldsymbol{P}_{k|k-1}^{(j)}$ 通过卡尔曼滤波预测计算得到

$$\begin{aligned} \boldsymbol{m}_{k|k-1}^{(j)} &= \boldsymbol{F}_{k-1} \boldsymbol{m}_{k-1}^{(j)} \\ \boldsymbol{P}_{k|k-1}^{(j)} &= \boldsymbol{Q}_{k-1} + \boldsymbol{F}_{k-1} \boldsymbol{P}_{k-1}^{(j)} \boldsymbol{F}_{k-1}^{\mathrm{T}} \end{aligned} \tag{2.39}$$

（2）更新阶段

将预测的目标后验强度 $\boldsymbol{v}_{k|k-1}(\boldsymbol{x})$ 表示为高斯混合方式：

$$v_{k|k-1}(\boldsymbol{x}) = \sum_{j=1}^{J_{k|k-1}} w_{k|k-1}^{(j)} \mathcal{N}(\boldsymbol{x}; \boldsymbol{m}_{k-1}^{(j)}, \boldsymbol{P}_{k-1}^{(j)}) \tag{2.40}$$

根据式（2.34），$k$ 时刻目标强度后验强度计算如下：

$$v_k(\boldsymbol{x}) = (1 - p_{D,k}) v_{k|k-1}(\boldsymbol{x}) + \sum_{\boldsymbol{z} \in \boldsymbol{Z}_k} \sum_{j=1}^{J_{k|k-1}} w_k^{(j)} \mathcal{N}(\boldsymbol{x}; \boldsymbol{m}_{k|k}^{(j)}, \boldsymbol{P}_{k|k}^{(j)}) \tag{2.41}$$

其中，高斯混合分量权值 $w_k^{(j)}$

$$w_k^{(j)} = \frac{p_{D,k} w_{k|k-1}^{(j)} \mathcal{N}(\boldsymbol{z}; \boldsymbol{z}_{k|k-1}^{(j)}, \boldsymbol{S}_{k|k-1}^{(j)})}{c_k(\boldsymbol{z}) + p_{D,k} \sum_{l=1}^{J_{k|k-1}} \mathcal{N}(\boldsymbol{z}; \boldsymbol{z}_{k|k-1}^{(l)}, \boldsymbol{S}_{k|k-1}^{(l)})} \tag{2.42}$$

各高斯分布均值为

$$m_{k|k}^{(j)} = m_{k|k-1}^{(j)} + K_k^{(j)}(z - z_{k|k-1}) \tag{2.43}$$

对应的协方差矩阵为

$$P_{k|k}^{(j)} = [I - K_k^{(j)} H_k] P_{k|k-1}^{(j)} \tag{2.44}$$

其中涉及的过程变量通过卡尔曼滤波测量更新计算得到

$$\begin{aligned}
z_{k|k-1}^{(j)} &= H_k m_{k|k-1}^{(j)} \\
K_k^{(j)} &= P_{k|k-1}^{(j)} H_k^{\mathrm{T}} (S_{k|k-1}^{(j)})^{-1} \\
S_{k|k-1}^{(j)} &= H_k P_{k|k-1}^{(j)} H_k^{\mathrm{T}} + R_k
\end{aligned} \tag{2.45}$$

## 2.4 移动机器人 SLAM 概率模型

由于实际的物理作业环境、机器人自身硬件平台以及其携带的内、外部传感器设备在一定程度上都受噪声干扰,移动机器人在执行同时定位与地图创建任务时需要处理来自各种噪声源的随机误差。鉴于概率方法可以显式地对这些噪声进行建模,基于概率模型表示的 SLAM 问题得到了研究者的广泛关注,并成为目前最主流的 SLAM 建模方法。

SLAM 问题本质上是一个贝叶斯推断过程,它可以用如图 2.1 所示的动态贝叶斯网络(dynamic Bayesian network,DBN)模型[6]进行表示。假设离散时间序列为 $k = \{0, 1, 2, \cdots, m\}$,$k$ 时刻的机器人位姿状态由机器人位置坐标和航向角组成,可表示为 $\boldsymbol{x}_k = (p_x, p_y, \alpha)$。机器人在内部传感器(包括里程计、陀螺仪等)提供的控制输入 $\boldsymbol{u}_k$ 的作用下从上一状态 $\boldsymbol{x}_{k-1}$ 迁移到当前状态 $\boldsymbol{x}_k$。$\boldsymbol{l}_i$ 表示未知环境中的第 $i$ 个路标特征的空间位置,$\boldsymbol{z}_k$ 表示在 $k$ 时刻外部传感器(包括激光测距仪、单目摄像机、立体摄像机、测距声呐或者 RGB-D 传感器等)的观测信息,其可能包括多个来自不同路标特征的观测值。此外,为了考察所有历史时刻的变量变化过程,可以定义相应的变量集合:$\boldsymbol{X}_{0:k} = \{\boldsymbol{x}_0, \boldsymbol{x}_1, \cdots, \boldsymbol{x}_k\}$ 表示机器人的行驶路径轨迹;$\boldsymbol{U}_{0:k} = \{\boldsymbol{u}_0, \boldsymbol{u}_1, \cdots, \boldsymbol{u}_k\}$ 表示机器人控制输入序列；$\boldsymbol{Z}_{0:k} = \{\boldsymbol{z}_0, \boldsymbol{z}_1, \cdots, \boldsymbol{z}_k\}$ 表示由外部传感器获取的路标观测值序列；$\boldsymbol{L} = \{\boldsymbol{l}_1, \boldsymbol{l}_2, \cdots, \boldsymbol{l}_n\}$ 表示完整的路标特征地图。

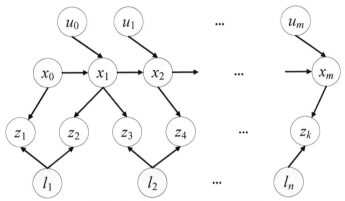

图 2.1 SLAM 动态贝叶斯网络模型

根据上述 SLAM 问题的定义，$k$ 时刻机器人位姿和路标特征地图的联合后验概率密度可以表示为

$$p(\boldsymbol{X}_{0:k}, \boldsymbol{L} | \boldsymbol{Z}_{0:k}, \boldsymbol{U}_{0:k}, \boldsymbol{x}_0) \tag{2.46}$$

设 $k-1$ 时刻机器人联合后验概率为 $p(\boldsymbol{X}_{0:k-1}, \boldsymbol{L} | \boldsymbol{Z}_{0:k-1}, \boldsymbol{U}_{0:k-1}, \boldsymbol{x}_0)$，$k$ 时刻的控制输入值为 $\boldsymbol{u}_k$，由外部传感器获取的路标观测值为 $\boldsymbol{z}_k$，式（2.46）可以通过贝叶斯滤波估计技术进行推断。采用贝叶斯滤波估计算法估计非线性系统的后验概率时，首先需要建立移动机器人系统的运动模型和测量模型。

### 2.4.1 机器人运动模型

移动机器人的运动模型用于描述机器人在控制输入 $\boldsymbol{u}_k$ 的驱动下从上一时刻的位姿状态转换到当前时刻位姿状态的规律。在一阶马尔可夫运动过程与高斯运动噪声的假设下，机器人的运动模型可以简单地表示为

$$\boldsymbol{x}_k = f(\boldsymbol{x}_{k-1}, \boldsymbol{u}_k, \boldsymbol{w}_k) \tag{2.47}$$

其中，$\boldsymbol{w}_k \sim (0, \boldsymbol{Q}_k)$ 表示零均值高斯运动噪声；$f(\cdot)$ 表示机器人状态转换函数，其对应的概率表达式为 $p(\boldsymbol{x}_k | \boldsymbol{x}_{k-1}, \boldsymbol{u}_k)$。

常见的机器人运动模型主要包括速度运动模型（velocity-based）和里程计运动模型（odometry-based）两类，速度运动模型通常在没有编码器的情况下使用，而里程计模型通常在系统配置了编码器的情况下使用。需要注意的是，里程计信息只有在运动完成后才能获得，因此里程计模型不能用于规划，但可以用于机器人定位。从理论上来说，里程计模型更像一个感知模型，而非动作模型。

### 2.4.2 路标特征测量模型

移动机器人的测量模型用于描述在给定当前机器人位姿状态以及路标特征的空间位置时传感器获取的环境信息。在高斯测量噪声的假设下，机器人的测量模型可以表示为

$$z_k = h(x_k, l_i) + v_k \tag{2.48}$$

其中，$v_k \sim (0, R_k)$表示零均值高斯测量噪声；$h(\cdot)$表示外部传感器的测量函数，其对应的概率表达式为$p(z_k|x_k, l_i)$。

### 2.4.3 递归运算过程

根据贝叶斯滤波估计理论，SLAM 问题的求解可以通过递归执行标准的运动预测与测量更新两个步骤完成：

$$p(x_k, L|Z_{0:k-1}, U_{0:k}, x_0) = \int p(x_k|x_{k-1}, u_k) \\ \times p(x_{k-1}, L|Z_{0:k-1}, U_{0:k-1}, x_0) \mathrm{d}x_{k-1} \tag{2.49}$$

$$p(x_k, L|Z_{0:k}, U_{0:k}, x_0) = \frac{p(z_k|x_k, L)p(x_k, L|Z_{0:k-1}, U_{0:k}, x_0)}{p(z_k|Z_{0:k-1}, U_{0:k})} \tag{2.50}$$

在运动预测过程中，$k$时刻的联合后验概率密度预测值通过对状态转换概率$p(x_k|x_{k-1}, u_k)$关于上一时刻所有可能的机器人位姿状态求积分而得到。而测量更新过程则包含了传感器的测量概率$p(z_k|x_k, L)$，并且引入了归一化因子$p(z_k|Z_{0:k-1}, U_{0:k})$，从而保证联合后验概率密度满足概率分布的基本定义。

## 2.5 基于高斯滤波器的 SLAM 算法

高斯滤波器包括扩展卡尔曼滤波器、扩展信息滤波器和各种 Sigma 点滤波器,是一类将系统状态的后验概率表示为多维高斯分布的贝叶斯滤波算法。与传统的目标跟踪、目标定位等状态估计问题不同,在将高斯滤波器应用于 SLAM 问题时,需要额外考虑机器人状态向量增广、测量值与特征地图的数据关联等过程。

### 2.5.1 高斯滤波 SLAM 算法原理

在基于高斯滤波器的SLAM算法中,$k$时刻的机器人位姿向量与当前所有已成功观测到的路标特征的位置向量按顺序组成一个多维联合状态向量:

$$\boldsymbol{\mathcal{X}}_k = \begin{bmatrix} \boldsymbol{x}_k \\ \boldsymbol{L}_k \end{bmatrix} = \begin{bmatrix} \boldsymbol{x}_k \\ \boldsymbol{l}_1 \\ \vdots \\ \boldsymbol{l}_n \end{bmatrix} \tag{2.51}$$

其中,$\boldsymbol{L}_k = \{\boldsymbol{l}_1, \boldsymbol{l}_2, \cdots, \boldsymbol{l}_n\}$表示特征地图,$n$表示当前地图中的路标特征个数。机器人联合后验概率密度通过一个多元高斯分布来表示,其均值和协方差分别对应高斯分布的一阶矩和二阶矩:

$$\boldsymbol{\mathcal{X}}_{k|k} = \begin{bmatrix} \boldsymbol{x}_{k|k} \\ \boldsymbol{L}_{k|k} \end{bmatrix} = E\left[ \begin{pmatrix} \boldsymbol{x}_k \\ \boldsymbol{L}_k \end{pmatrix} \middle| \boldsymbol{Z}_{0:k} \right] \tag{2.52}$$

$$\boldsymbol{P}_{k|k} = \begin{bmatrix} \boldsymbol{P}_{xx} & \boldsymbol{P}_{xL} \\ \boldsymbol{P}_{xL}^T & \boldsymbol{P}_{LL} \end{bmatrix} = E\left[ \begin{pmatrix} \boldsymbol{x}_k - \hat{\boldsymbol{x}}_k \\ \boldsymbol{L}_k - \hat{\boldsymbol{L}}_k \end{pmatrix} \begin{pmatrix} \boldsymbol{x}_k - \hat{\boldsymbol{x}}_k \\ \boldsymbol{L}_k - \hat{\boldsymbol{L}}_k \end{pmatrix}^T \middle| \boldsymbol{Z}_{0:k} \right] \tag{2.53}$$

从上述可以看出,随着机器人探测到的路标个数不断增加,机器人联合状态向量的均值与协方差矩阵将越来越复杂。

为了将传统的高斯滤波算法用于机器人联合状态向量的估计,首先需要对机器人的运动方程进行相应的扩展。在静态环境的假设下,联合状态向量中的特征地图部分不随时间发生变化,因此扩展后的运动方程可以写为:

$$\begin{bmatrix} \boldsymbol{x}_k \\ \boldsymbol{L}_k \end{bmatrix} = \begin{bmatrix} f(\boldsymbol{x}_{k-1}, \boldsymbol{u}_k) + \boldsymbol{w}_k \\ \boldsymbol{L}_{k-1} \end{bmatrix} \tag{2.54}$$

此外,机器人位姿坐标及路标特征的位置坐标必须建立在同一个欧氏坐标系下,该全局坐标系一般以机器人初始位置$(p_{x_0}, p_{y_0})$为中心,初始航向角$\alpha_0$为$x$轴方向,而外部传感器返回的路标特征观测值$[r, \theta]$通常是以当前时刻机器人位置$(p_{x_k}, p_{y_k})$为极点,当前航向角$\alpha_k$为极轴的极坐标系为参考,如图 2.2 所示。

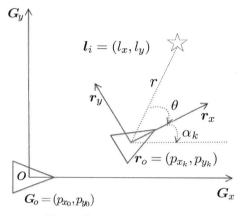

图 2.2　机器人参考坐标系示意

因此,当路标特征被加到联合状态向量时,需要将其极坐标系下的观测值向量转换为全局欧氏坐标系下的空间坐标值,即

$$\boldsymbol{l}_i = g(\boldsymbol{x}_k, \boldsymbol{z}_{i,k}) \tag{2.55}$$

其中,$g(\cdot)$表示反向测量函数,当测量值包含了路标特征状态的所有自由度上的信息时,其可以简单地用测量函数$h(\cdot)$的逆函数来表示,即$g(\cdot) = h^{-1}(\cdot)$。

实际环境中的各个路标特征在外观上往往存在相似性,同时其空间位置上又可能存在相近性,因此无法直接根据外部传感器获取的特征测量值判断它们的具体来源。SLAM 算法在对机器人联合状态向量进行更新之前,需要将每个特征测量值与机器人维护的特征地图进行数据关联操作,即对于$k$时刻的$m$个测量值$\{\boldsymbol{z}_k^i\}_{i=1}^m$以及$n$个路标特征组成的特征地图$\{\boldsymbol{l}_j\}_{j=1}^n$,建立两者之间的对应关系:

$$\boldsymbol{H}_k = [j_1, j_2, \cdots, j_m] \tag{2.56}$$

常用的数据关联算法包括单一兼容最近邻算法（individual compatibility nearest neighbour，ICNN）、联合兼容分支界定算法（joint compability branch and bound，JCBB）等[111]。本书后续相关章节中采用计算量相对较小的 ICNN 算法，其计算过程如图 2.3 所示。

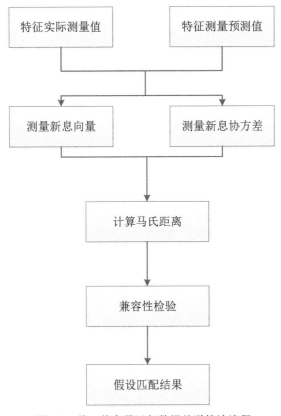

图 2.3  单一兼容最近邻数据关联算法流程

在 ICNN 数据关联算法中，需要首先为特征地图中的每一个路标特征 $l_j$ 计算相应的测量预测值

$$z_{k|k-1}^j = \int h(\boldsymbol{\mathcal{X}}, \boldsymbol{l}_j) \mathcal{N}(\boldsymbol{\mathcal{X}}; \boldsymbol{\mathcal{X}}_{k|k-1}, \boldsymbol{P}_{k|k-1}) \mathrm{d}\boldsymbol{\mathcal{X}} \tag{2.57}$$

其中，$\boldsymbol{x}_{k|k-1}$ 表示 $k$ 时刻机器人位姿状态的预测值。然后计算特征实际测量值 $\boldsymbol{z}_k^i$ 与特征测量预测值 $\boldsymbol{z}_{k|k-1}^j$ 之间的测量新息向量 $\boldsymbol{v}_{k,ij}$ 及新息协方差 $\boldsymbol{S}_{k,ij}$

$$\boldsymbol{v}_{k,ij} = \boldsymbol{z}_k^i - \boldsymbol{z}_{k|k-1}^j$$
$$\boldsymbol{S}_{k,ij} = \nabla \boldsymbol{H}_k \boldsymbol{P}_{k|k-1} \nabla \boldsymbol{H}_k^{\mathrm{T}} + \boldsymbol{R}_k \tag{2.58}$$

由此，可以得到 $\boldsymbol{z}_k^i$ 与 $\boldsymbol{z}_{k|k-1}^j$ 之间的马氏距离（Mahalanobis distance）为

$$D_{k,ij}^2 = \boldsymbol{v}_{k,ij}^{\mathrm{T}} \boldsymbol{S}_{k,ij}^{-1} \boldsymbol{v}_{k,ij} \tag{2.59}$$

在此基础上根据卡方检验来确定地图中的路标特征与测量值之间的兼容性：

$$D_{k,ij}^2 < \chi_{d,1-\alpha}^2 \tag{2.60}$$

其中，下标 $d = \dim(\boldsymbol{v}_{k,ij})$ 表示测量值的维数；$1 - \alpha$ 表示卡方分布的置信度，一般可选为 95%。当所有路标特征与某一测量值之间的马氏距离均大于给定阈值时，该测量值将被视作由新特征产生的数据。当有多个路标特征与同一个测量值之间的马氏距离满足卡方检验条件时，进一步计算其与测量值之间的关联度 $F_{k,ij}$：

$$F_{k,ij} = \frac{1}{(2\boldsymbol{\pi})^{d/2} \sqrt{\boldsymbol{S}_{k,ij}}} \exp\left(-\frac{1}{2} D_{k,ij}^2\right) \tag{2.61}$$

最后从中选取关联度最大的特征作为测量值的匹配结果：

$$j_{\mathrm{opt}} = \arg \max_j (F_{k,ij}) \tag{2.62}$$

### 2.5.2　高斯滤波 SLAM 算法流程

图 2.4 总结了基于不同高斯滤波器的 SLAM 算法的通用框架，其中与高斯滤波算法直接相关的步骤主要包括联合状态预测、联合状态更新以及联合状态向量增广。以下分别对这些步骤进行介绍。

（1）联合状态预测

假设 $k-1$ 时刻的机器人联合状态后验概率密度服从多维高斯分布 $\mathcal{N}(\boldsymbol{\mathcal{X}}_{k-1}, \boldsymbol{P}_{k-1})$，当里程计等内部传感器采集到控制输入 $\boldsymbol{u}_k$ 时，$k$ 时刻的联合状态后验概率预测值可以通过扩展运动模型得到：

$$\boldsymbol{\mathcal{X}}_{k|k-1} = \begin{bmatrix} \boldsymbol{x}_{k|k-1} \\ \boldsymbol{L}_{k|k-1} \end{bmatrix} = \begin{bmatrix} \int f(\boldsymbol{x}, \boldsymbol{u}_k) \mathcal{N}(\boldsymbol{x}; \boldsymbol{x}_{k-1}, \boldsymbol{P}_{xx,k-1}) \mathrm{d}\boldsymbol{x} \\ \boldsymbol{L}_{k|k-1} \end{bmatrix} \tag{2.63}$$

$$\boldsymbol{P}_{k|k-1} = \int \left( \begin{bmatrix} f(\boldsymbol{x}_{k-1}, \boldsymbol{u}_k) - \boldsymbol{x}_{k|k-1} \\ \boldsymbol{I}_{L \times L} \end{bmatrix} \begin{bmatrix} f(\boldsymbol{x}_{k-1}, \boldsymbol{u}_k) - \boldsymbol{x}_{k|k-1} \\ \boldsymbol{I}_{L \times L} \end{bmatrix}^{\mathrm{T}} \right.$$
$$\times \mathcal{N}(\boldsymbol{\mathcal{X}}; \boldsymbol{\mathcal{X}}_{k-1}, \boldsymbol{P}_{k-1}) \mathrm{d}\boldsymbol{\mathcal{X}}_{k-1} + \begin{bmatrix} \boldsymbol{Q}_{k-1} & \boldsymbol{0}_{3 \times L} \\ \boldsymbol{0}_{L \times 3} & \boldsymbol{0}_{L \times L} \end{bmatrix} \tag{2.64}$$

其中，$\boldsymbol{0}$ 和 $\boldsymbol{I}$ 分别表示指定大小的零矩阵和单位矩阵，下标 $L = \dim(\boldsymbol{L})$ 表示当前时刻特征地图 $\boldsymbol{L}_k$ 的维数。

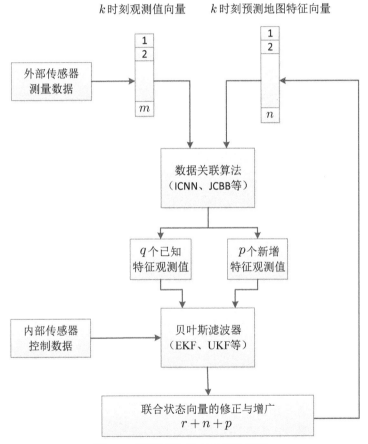

图 2.4　高斯滤波 SLAM 算法框架

（2）联合状态更新

假设 $k$ 时刻已加入机器人联合状态向量的路标特征 $\boldsymbol{l}_j$ 被外部传感器再次观

测到，并且其相应的实际测量值为$z_k^j$，计算$k$时刻观测更新后的联合状态向量均值$\mathcal{X}_{k|k}$和协方差$P_{k|k}$，可以得到：

$$K_k = C_{k|k-1}^j (S_{k|k-1}^j)^{-1} \tag{2.65}$$

$$\mathcal{X}_{k|k} = \mathcal{X}_{k|k-1} + K_k(z_k^j - z_{k|k-1}^j) \tag{2.66}$$

$$P_{k|k} = P_{k|k-1} - K_k S_{k|k-1}^j K_k^{\mathrm{T}} \tag{2.67}$$

其中，$K_k$称为卡尔曼增益，测量预测值可由式（2.57）得到，预测测量协方差与交叉协方差（cross-covariance）分别定义为

$$\begin{aligned} S_{k|k-1}^j &= \int \big[ h(\mathcal{X}, l_j) - z_{k|k-1}^j \big]\big[ h(\mathcal{X}, l_j) - z_{k|k-1}^j \big]^{\mathrm{T}} \\ &\quad \times \mathcal{N}(\mathcal{X}; \mathcal{X}_{k|k-1}, P_{k|k-1})\mathrm{d}\mathcal{X} + R_k \end{aligned} \tag{2.68}$$

和

$$\begin{aligned} C_{k|k-1}^j &= \int (\mathcal{X} - \mathcal{X}_{k|k-1})\big[ h(\mathcal{X}_{k|k-1}, l_j) - z_{k|k-1}^j \big]^{\mathrm{T}} \\ &\quad \times \mathcal{N}(\mathcal{X}; \mathcal{X}_{k|k-1}, P_{k|k-1})\mathrm{d}\mathcal{X} \end{aligned} \tag{2.69}$$

当外部传感器同一时刻观测到多个已知路标特征时，每个路标测量值均需要利用式（2.65）~（2.67）对联合状态后验概率进行估计。

（3）联合状态向量增广

假设路标特征$l_{n+1}$初次被外部传感器观测到，并且其对应的测量值为$z_k^{n+1}$，那么其均值和协方差可以如下式进行估计：

$$\mathcal{X}_{k|k}^a = \begin{bmatrix} \mathcal{X}_{k|k} \\ l_{n+1} \end{bmatrix} = \begin{bmatrix} \mathcal{X}_{k|k} \\ \int g(x, z_k^{n+1})\mathcal{N}(x; x_{k-1}, P_{xx,k|k})\mathrm{d}x \end{bmatrix} \tag{2.70}$$

$$\begin{aligned} P_{k|k-1} &= \int \begin{bmatrix} I_{N \times N} \\ f(x_{k-1}, u_k) - x_{k|k-1} \end{bmatrix} \begin{bmatrix} I_{N \times N} \\ f(x_{k-1}, u_k) - x_{k|k-1} \end{bmatrix}^{\mathrm{T}} \\ &\quad \times \mathcal{N}(\mathcal{X}; \mathcal{X}_{k-1}, P_{k-1})\mathrm{d}\mathcal{X}_{k-1} + \begin{bmatrix} Q_{k-1} & 0_{2 \times N} \\ 0_{N \times 2} & 0_{2 \times 2} \end{bmatrix} \end{aligned} \tag{2.71}$$

## 2.6 基于粒子滤波器的 SLAM 算法

在基于高斯滤波器的 SLAM 算法中，由于受外部传感器噪声的影响，数

据关联的匹配结果往往存在多义性，即传感器测量值与特征地图之间存在多种可能的匹配结果，最终将导致多个完全不同的特征地图。针对这种情况，标准的做法是采用最大似然估计（maximum likelihood estimation，MLE）原则，选择最有可能的匹配结果对特征地图进行更新，从而每一时刻机器人只需维护一个 "最佳" 特征地图。然而，当机器人采用的数据关联结果中存在错误的匹配项时，SLAM 算法的结果将不正确甚至可能发散。另一方面，机器人维护的特征地图用一个多维高斯随机向量表示，对其更新需要的计算复杂度与当前地图中的路标特征个数成二次方关系，因此当环境中的路标特征比较密集时，SLAM 算法将无法保证实时性。为了同时增加数据关联的鲁棒性以及降低维护特征地图的计算复杂度，Montemerlo 等人[3]基于 Rao-Blackwellized 粒子滤波器的思想提出了 FastSLAM 算法。

### 2.6.1　FastSLAM 算法原理

根据概率论中的条件独立性质，$k$时刻机器人位姿轨迹及特征地图的组成的联合后验概率可以分解为两个边缘概率的乘积：

$$p(\boldsymbol{X}_{0:k}, \boldsymbol{m} | \boldsymbol{Z}_{0:k}, \boldsymbol{U}_{0:k}, \boldsymbol{x}_0) = p(\boldsymbol{m} | \boldsymbol{X}_{0:k}, \boldsymbol{Z}_{0:k}) p(\boldsymbol{X}_{0:k} | \boldsymbol{Z}_{0:k}, \boldsymbol{U}_{0:k}, \boldsymbol{x}_0) \quad (2.72)$$

其中，$p(\boldsymbol{X}_{0:k} | \boldsymbol{Z}_{0:k}, \boldsymbol{U}_{0:k}, \boldsymbol{x}_0)$为机器人定位问题，$p(\boldsymbol{m} | \boldsymbol{X}_{0:k}, \boldsymbol{Z}_{0:k})$为机器人地图构建问题。当给定机器人位姿轨迹以及所有时刻的测量值时，地图中的路标特征之间可认为是互相独立的，因而联合后验概率可进一步写为：

$$p(\boldsymbol{X}_{0:k}, \boldsymbol{m} | \boldsymbol{Z}_{0:k}, \boldsymbol{U}_{0:k}, \boldsymbol{x}_0) = p(\boldsymbol{X}_{0:k} | \boldsymbol{Z}_{0:k}, \boldsymbol{U}_{0:k}, \boldsymbol{x}_0) \prod_{j=1}^{M} p(\boldsymbol{m}_j | \boldsymbol{X}_{0:k}, \boldsymbol{Z}_{0:k})$$

$$(2.73)$$

根据 Rao-Blackwellization 粒子采样原理，对机器人联合后验概率的估计问题转化为顺序执行的两个部分。一方面，利用$N$个加权粒子来表示当前机器人的位姿轨迹；另一方面，对每个粒子同时用$M$个卡尔曼滤波器对$M$个路标特征位置状态进行估计。因此，$k$时刻的机器人联合后验概率密度可由$N$个加权粒子组成的粒子集进行描述：

$$\boldsymbol{\Theta}_k = \left\langle w_k^{(i)}, \boldsymbol{X}_{1:k}^{(i)}, \boldsymbol{\mu}_{1,k}^{(i)}, \boldsymbol{\Sigma}_{1,k}^{(i)}, \cdots, \boldsymbol{\mu}_{m,k}^{(i)}, \boldsymbol{\Sigma}_{m,k}^{(i)} \right\rangle_{i=1}^{N} \tag{2.74}$$

其中，上标$i$为粒子序号；$w_k^{(i)}$为粒子的重要性系数；$\boldsymbol{X}_{1:k}^{(i)}$表示机器人位姿轨迹估计值样本；$\boldsymbol{\mu}_{m,k}^{(i)}$和$\boldsymbol{\Sigma}_{m,k}^{(i)}$分别表示特征地图中第$m$个路标特征的位置状态估计均值和协方差矩阵。由于每个粒子各自维护了相互独立的特征地图，数据关联针对每个粒子分别进行操作，因此机器人在同一时刻维护了多个数据关联的匹配信息，在一定程度上增加了算法的鲁棒性。

机器人位姿轨迹是由多个连续时刻的位姿状态串联而成，因而机器人位姿轨迹的估计可以通过序贯重要性采样[4]的递归方式进行：

$$p(\boldsymbol{x}_0, \boldsymbol{x}_1, \cdots, \boldsymbol{x}_T | \boldsymbol{Z}_{0:T}) = p(\boldsymbol{x}_0 | \boldsymbol{Z}_{0:T}) p(\boldsymbol{x}_1 | \boldsymbol{x}_0, \boldsymbol{Z}_{0:T}) \cdots p(\boldsymbol{x}_T | \boldsymbol{x}_{0:T-1}, \boldsymbol{Z}_{0:T}) \tag{2.75}$$

由于$k$时刻的机器人位姿状态的真实概率分布$p(\boldsymbol{x}_k | \boldsymbol{X}_{0:k-1}, \boldsymbol{Z}_{0:k})$无法预知，粒子样本需要根据给定的提议分布$\pi(\boldsymbol{x}_k | \boldsymbol{X}_{0:k-1}, \boldsymbol{Z}_{0:k})$进行采样，同时用粒子的权值系数来表示提议分布于真实分布之间的差异。这些粒子在经过序贯重要性重采样后，将不断逼近真实概率分布。

### 2.6.2　FastSLAM 算法流程

如图 2.5 所示，FastSLAM 算法的迭代过程主要包括粒子采样、特征地图更新、粒子权值计算及粒子重采样等四个步骤。

（1）粒子采样

假设$k-1$时刻的机器人联合后验概率密度表示为粒子集

$$\boldsymbol{\Theta}_{k-1} = \left\langle w_{k-1}^{(i)}, \boldsymbol{X}_{1:k-1}^{(i)}, \boldsymbol{\mu}_{1,k-1}^{(i)}, \boldsymbol{\Sigma}_{1,k-1}^{(i)}, \cdots, \boldsymbol{\mu}_{m,k-1}^{(i)}, \boldsymbol{\Sigma}_{m,k-1}^{(i)} \right\rangle_{i=1}^{N} \tag{2.76}$$

根据提议分布采样$N$个粒子表示$k$时刻的机器人位姿状态样本：

$$\boldsymbol{x}_k^{(i)} \sim \pi(\boldsymbol{x}_k | \boldsymbol{X}_{0:k-1}^{(i)}, \boldsymbol{Z}_{0:k}, \boldsymbol{u}_k) \tag{2.77}$$

为了更加有效地对机器人位姿状态进行估计，在选取提议分布时一般会同时包含当前时刻的控制输入信息和特征测量信息。

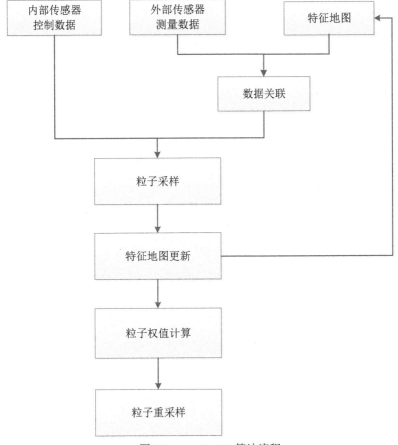

图 2.5　FastSLAM 算法流程

（2）特征地图更新

假设特征测量值 $z_k$ 对应于特征地图中的第 $j$ 个路标特征，利用标准的扩展卡尔曼滤波更新算法对该特征的位置状态进行估计：

$$K_k^{(i)} = P_{j,k-1}^{(i)} \nabla H_k^{(i)\mathrm{T}} (\nabla H_k^{(i)} P_{j,k-1}^{(i)} \nabla H_k^{(i)\mathrm{T}} + R_k)^{-1} \qquad (2.78)$$

$$\boldsymbol{\mu}_{j,k|k}^{(i)} = \boldsymbol{\mu}_{j,k-1}^{(i)} + K_k^{(i)} (z_k - \nabla H_k^{(i)} \boldsymbol{\mu}_{j,k-1}^{(i)}) \qquad (2.79)$$

$$P_{j,k|k}^{(i)} = (\boldsymbol{I} - K_k^{(i)} \nabla H_k^{(i)}) P_{j,k-1}^{(i)} \qquad (2.80)$$

其中，$\nabla \boldsymbol{H}_k^{(i)}$ 为测量方程关于机器人位姿状态 $\boldsymbol{x}_k^{(i)}$ 与 $\boldsymbol{\mu}_{j,k-1}^{(i)}$ 处的雅可比矩阵。

（3）粒子权值计算

根据重要性函数，计算每个粒子对应的重要性系数：

$$w_k^{(i)} = w_{k-1}^{(i)} \frac{p(\boldsymbol{z}_k|\boldsymbol{X}_{0:k}^{(i)}, \boldsymbol{Z}_{0:k-1})p(\boldsymbol{x}_k^{(i)}|\boldsymbol{x}_{k-1}^{(i)}, \boldsymbol{u}_k)}{\pi(\boldsymbol{x}_k^{(i)}|\boldsymbol{X}_{0:k-1}^{(i)}, \boldsymbol{Z}_{0:k}, \boldsymbol{u}_k)} \qquad (2.81)$$

其中，$w_{k-1}^{(i)}$ 表示上一时刻的粒子重要性系数；等式右边分子部分中的项分别对应机器人的观测模型和运动模型。

（4）粒子重采样

为了防止粒子退化，当粒子集中的有效粒子个数小于某一阈值时，需要根据粒子的重要性权值对其进行重采样操作。重采样的过程实际上是将那些重要性权值较小的粒子替换成重要性权值较大的粒子，然后将所有保留的粒子对应的权值统一赋值为 $w_k^{(i)} = 1/N$。常用的粒子重采样方法包括多项式重采样法、分层重采样法、残差值重采样法、系统重采样法等[5]。

## 2.7　基于概率假设密度滤波器的 SLAM 算法

由于实际环境中的路标特征个数通常是未知的，基于特征地图表示的机器人同时定位与地图构建本质上可以看作一个可变维度的状态估计问题[6]。此外，在传统的基于随机向量表示的 SLAM 算法中，数据关联得到的匹配结果常常会引入一定的不确定性，因此 SLAM 算法不仅需要对机器人维护的特征地图中的所有特征位置状态进行估计，同时还需要对特征个数进行估计。Mullane 等人[7]利用随机有限集来建模特征地图和外部传感器获取的观测值，并利用集合的统计表征对它们进行描述，从而实现了基于概率假设密度滤波器的 SLAM 算法，其基本算法框架如图 2.6 所示。

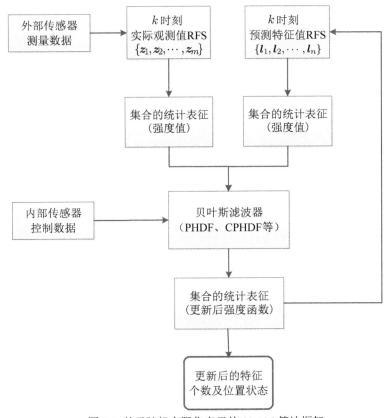

图 2.6 基于随机有限集表示的 SLAM 算法框架

### 2.7.1 概率假设密度滤波 SLAM 算法原理

假设 $k-1$ 时刻机器人维护的特征地图随机集表示为 $\boldsymbol{L}_{k-1}$，$k$ 时刻机器人位姿状态为 $\boldsymbol{x}_k$ 时新探测到的特征随机集表示为 $\boldsymbol{B}_k(\boldsymbol{x}_k)$，并且 $\boldsymbol{L}_{k-1}$ 与 $\boldsymbol{B}_k(\boldsymbol{x}_k)$ 之间互相独立，$k$ 时刻特征地图随机集 $\boldsymbol{L}_k$ 可以根据集合的并集运算得到：

$$\boldsymbol{L}_k = \boldsymbol{L}_{k-1} \cup \boldsymbol{B}_k(\boldsymbol{x}_k) \tag{2.82}$$

当给定 $k$ 时刻的控制输入 $\boldsymbol{u}_k$ 时，机器人的位姿及特征地图的联合状态转换概率可以表示为：

$$
\begin{aligned}
f_{k|k-1}(\boldsymbol{L}_k, \boldsymbol{x}_k | \boldsymbol{L}_{k-1}, \boldsymbol{x}_{k-1}, \boldsymbol{u}_k) = & f_x(\boldsymbol{x}_k | \boldsymbol{x}_{k-1}, \boldsymbol{u}_k) \\
& \times \sum_{\boldsymbol{W} \subseteq \boldsymbol{L}_k} f_M(\boldsymbol{W} | \boldsymbol{L}_{k-1}) f_B(\boldsymbol{L}_k - \boldsymbol{W} | \boldsymbol{x}_k)
\end{aligned}
$$

$$\tag{2.83}$$

其中，$f_x(\boldsymbol{x}_k|\boldsymbol{x}_{k-1}, \boldsymbol{u}_k)$表示机器人的位姿状态转换概率密度；$f_M(\boldsymbol{W}|\boldsymbol{L}_{k-1})$表示位于外部传感器视场（field of view，FOV）内的特征随机子集$\boldsymbol{W}$对应的状态转换概率密度；$f_B(\boldsymbol{L}_k - \boldsymbol{W}|\boldsymbol{x}_k)$表示$k$时刻外部传感器视场内出现新特征的概率密度。

机器人的外部传感器在实际环境中观测路标特征时会存在漏检以及杂波干扰等不确定因素，为了同时对这些不确定因素进行建模，$k$时刻由传感器获取的路标特征测量值随机集$\boldsymbol{Z}_k$表示为：

$$\boldsymbol{Z}_k = \bigcup_{l \in \boldsymbol{L}_k} \boldsymbol{D}(\boldsymbol{l}, \boldsymbol{x}_k) \cup \boldsymbol{C}_k(\boldsymbol{x}_k) \tag{2.84}$$

其中，$\boldsymbol{D}(\boldsymbol{l}, \boldsymbol{x}_k)$对应$k$时刻由路标特征$\boldsymbol{l}$产生的测量值随机集，$\boldsymbol{C}_k(\boldsymbol{x}_k)$对应$k$时刻由杂波干扰引入的虚假观测值随机集。另外，当机器人的位姿状态$\boldsymbol{x}_k$已知时，$\boldsymbol{D}(\boldsymbol{l}, \boldsymbol{x}_k)$与$\boldsymbol{C}_k(\boldsymbol{x}_k)$之间可以认为是相互独立的随机集变量。在实际环境中，位于外部传感器视场中的路标$\boldsymbol{l}$存在一定概率的漏检情况，其对应的测量值随机集是一个 Bernoulli 随机有限集[8]，即$\boldsymbol{D}(\boldsymbol{l}, \boldsymbol{x}_k)$对应的概率分布定义如下：

$$p_D = \begin{cases} p_D(\boldsymbol{l}|\boldsymbol{x}_k) g_k(\boldsymbol{z}|\boldsymbol{l}, \boldsymbol{x}_k), & \boldsymbol{D}_k(\boldsymbol{l}, \boldsymbol{x}_k) = \{\boldsymbol{z}\} \\ 1 - p_D(\boldsymbol{l}|\boldsymbol{x}_k), & \boldsymbol{D}_k(\boldsymbol{l}, \boldsymbol{x}_k) = \emptyset \end{cases} \tag{2.85}$$

其中，$p_D(\boldsymbol{l}|\boldsymbol{x}_k)$表示当机器人位姿为$\boldsymbol{x}_k$时成功探测到路标特征$\boldsymbol{l}$的概率密度，$g_k(\boldsymbol{z}|\boldsymbol{l}, \boldsymbol{x}_k)$表示由路标特征$\boldsymbol{l}$产生测量值$\boldsymbol{z}$的似然函数。根据有限集统计学理论，在给定$k$时刻机器人位姿$\boldsymbol{x}_k$以及特征地图随机集$\boldsymbol{L}_k$时，由外部传感器产生观测随机有限集$\boldsymbol{Z}_k$的似然概率为：

$$g(\boldsymbol{Z}_k|\boldsymbol{L}_k, \boldsymbol{x}_k) = \sum_{\boldsymbol{W} \subseteq \boldsymbol{Z}_k} f_D(\boldsymbol{W}|\boldsymbol{L}_k, \boldsymbol{x}_k) f_C(\boldsymbol{Z}_k - \boldsymbol{W}|\boldsymbol{x}_k) \tag{2.86}$$

其中，$f_D(\boldsymbol{W}|\boldsymbol{L}_k, \boldsymbol{x}_k)$表示观测随机子集$\boldsymbol{W}$关于机器人位姿$\boldsymbol{x}_k$以及特征地图随机集$\boldsymbol{L}_k$的条件概率密度；$f_C(\boldsymbol{Z}_k - \boldsymbol{W}|\boldsymbol{x}_k)$由实际环境的先验信息确定，表示机器人位姿状态为$\boldsymbol{x}_k$时产生虚假观测随机集$\boldsymbol{C}(\boldsymbol{x}_k)$的概率密度。

根据贝叶斯滤波估计理论，由式（2.83）和式（2.84）确定的基于随机有限集表示的 SLAM 问题可以通过以下递归过程求解：

$$
\begin{aligned}
p(\boldsymbol{x}_k, \boldsymbol{L}_k | \boldsymbol{Z}_{0:k-1}, \boldsymbol{U}_{1:k}, \boldsymbol{x}_0) &= f_x(\boldsymbol{x}_k | \boldsymbol{x}_{k-1}, \boldsymbol{u}_k) \\
&\times \int f_M(\boldsymbol{L}_k | \boldsymbol{L}_{k-1} | \boldsymbol{x}_k) p(\boldsymbol{x}_{k-1}, \boldsymbol{L}_{k-1} | \boldsymbol{Z}_{0:k-1}, \boldsymbol{U}_{0:k-1}, \boldsymbol{x}_0) \delta(\boldsymbol{L}_{k-1})
\end{aligned} \tag{2.87}
$$

$$
\begin{aligned}
p(\boldsymbol{x}_k, \boldsymbol{L}_k | \boldsymbol{Z}_{0:k}, \boldsymbol{U}_{0:k}, \boldsymbol{x}_0) = \\
\frac{g(\boldsymbol{Z}_k | \boldsymbol{L}_k, \boldsymbol{x}_k) p(\boldsymbol{x}_k, \boldsymbol{L}_k | \boldsymbol{Z}_{0:k-1}, \boldsymbol{U}_{0:k}, \boldsymbol{x}_0)}{\iint g(\boldsymbol{Z}_k | \boldsymbol{L}_k, \boldsymbol{x}_k) p(\boldsymbol{x}_k, \boldsymbol{L}_k | \boldsymbol{Z}_{0:k-1}, \boldsymbol{U}_{0:k}, \boldsymbol{x}_0) \mathrm{d}\boldsymbol{x}_k \delta(\boldsymbol{L}_k)}
\end{aligned} \tag{2.88}
$$

其中，$\delta(\cdot)$ 表示集合积分运算。机器人位姿与特征地图的联合后验概率密度的计算过程综合考虑了由运动噪声引入的机器人位姿状态估计误差，由测量噪声引入的特征位置状态估计误差，以及由外部传感器探测不确定性和虚假观测等因素引入的特征数量估计误差。此外，基于随机有限集的 SLAM 建模隐式地包含了数据关联以及特征地图管理过程。

### 2.7.2　概率假设密度滤波 SLAM 算法实现

由于在基于随机有限集表示的 SLAM 模型中涉及多个集合积分运算，直接计算机器人位姿与特征地图的联合后验概率密度无法保证算法的实时性，因此需要借助概率假设密度滤波算法得到次优解。概率假设密度滤波器通过直接传播后验概率密度的一阶统计矩或者集合强度值，可以有效地求解基于随机有限集建模的多目标状态估计问题。为了同时估计机器人位姿状态向量以及特征地图状态有限集，首先用 $N$ 个粒子对 $i$ 时刻的机器人位姿轨迹进行采样，然后将每一个路标特征位置状态和每一个机器人位姿轨迹样本组成 $N \times |\boldsymbol{L}_k|$ 个增广状态 $\boldsymbol{\zeta}_k$，得到新的联合状态随机集

$$
\boldsymbol{Y} = \left(\boldsymbol{\zeta}_k^1, \boldsymbol{\zeta}_k^2, \cdots, \boldsymbol{\zeta}_k^{N \times |\boldsymbol{L}_k|}\right) \tag{2.89}
$$

根据概率论中的条件独立性质，当机器人的位姿轨迹已知时，不同的路标特征位置状态估计之间互相独立，从而通过对增广状态 $\boldsymbol{\zeta}_k$ 进行概率假设密度滤波迭代，可以同时估计出机器人位姿状态，特征地图中的路标特征个数及相应的特征位置状态。随机集强度值的运动预测和测量更新过程如下所示：

$$
v_{k|k-1}(\boldsymbol{\zeta}_k) = \int f_{k|k-1}(\boldsymbol{\zeta}_k | \boldsymbol{\zeta}_{k-1}, \boldsymbol{u}_k) v_{k-1}(\boldsymbol{\zeta}_{k-1}) \mathrm{d}\boldsymbol{\zeta}_{k-1} + b_k(\boldsymbol{\zeta}_k | \boldsymbol{x}_k) \tag{2.90}
$$

$$v_k(\boldsymbol{\zeta}_k) = v_{k|k-1}(\boldsymbol{\zeta}_k)\left[1 - p_D(\boldsymbol{\zeta}_k) + \sum_{\boldsymbol{z} \in \boldsymbol{Z}_k} \frac{p_D(\boldsymbol{\zeta}_k)g(\boldsymbol{z}|\boldsymbol{\zeta}_k)}{c_k(\boldsymbol{z}) + \int p_D(\boldsymbol{\xi}_k)g(\boldsymbol{z}|\boldsymbol{\xi}_k)v_{k|k-1}(\boldsymbol{\xi})\mathrm{d}\boldsymbol{\xi}}\right]$$

（2.91）

其中，$v_{k|k-1}(\boldsymbol{\zeta}_k)$和$v_k(\boldsymbol{\zeta}_k)$分别表示增广状态随机集的预测强度值和更新强度值；$f_{k|k-1}(\cdot)$表示增广状态由$\boldsymbol{\zeta}_{k-1}$变为$\boldsymbol{\zeta}_k$的状态转移概率密度；$p_D(\boldsymbol{\zeta}_k)$表示当机器人成功探测到路标特征的概率密度；$b_k(\cdot)$表示$k$时刻进入外部传感器视场的新特征对应的随机集强度值；$c_k(\cdot)$表示$k$时刻由杂波干扰引入的虚假观测值对应的随机集强度值。

假设机器人的运动方程和测量方程均为非线性高斯模型，利用GM-PHD滤波器以及扩展卡尔曼滤波器可以得到概率假设密度SLAM问题的闭环形式的解。具体的算法迭代过程由状态预测、状态更新及状态提取三个步骤组成。

（1）状态预测

假设$k-1$时刻的增广状态$\boldsymbol{\zeta}_{k-1}$集合强度值可以表示为$N \times J_{k-1}$个高斯混合分量$\mathcal{N}(\boldsymbol{\zeta}; \boldsymbol{\mu}_{k-1}^{(i)}, \boldsymbol{P}_{k-1}^{(i)})$的累加形式

$$v_{k-1}(\boldsymbol{\zeta}_{k-1}) = \sum_{i=1}^{N \times J_{k-1}} w_{k-1}^{(i)}\mathcal{N}(\boldsymbol{\zeta}; \boldsymbol{\mu}_{k-1}^{(i)}, \boldsymbol{P}_{k-1}^{(i)})$$

（2.92）

其中，$w_{k-1}^{(i)}$表示每个高斯分量的权值；$\boldsymbol{\mu}_{k-1}^{(i)}$和$\boldsymbol{P}_{k-1}^{(i)}$分别表示第$i$个高斯分量对应的均值和协方差。同样，假设$k$时刻进入外部传感器视场的新路标特征集合强度值表示为$N \times J_{b,k}$个权值为$w_{b,k}^{(i)}$高斯混合分量$\mathcal{N}(\boldsymbol{\zeta}; \boldsymbol{\mu}_{b,k}^{(i)}, \boldsymbol{P}_{b,k}^{(i)})$的累加和

$$b_k(\boldsymbol{\zeta}_{k-1}|\boldsymbol{x}_k) = \sum_{i=1}^{N \times J_{b,k}} w_{b,k}^{(i)}\mathcal{N}(\boldsymbol{\zeta}; \boldsymbol{\mu}_{b,k}^{(i)}, \boldsymbol{P}_{b,k}^{(i)})$$

（2.93）

由于关于每个高斯分量的概率假设密度估计过程之间是互相独立的，$k$时刻预测的增广状态$\boldsymbol{\zeta}_k$集合强度值仍然可以用$N \times (J_{k-1} + J_{b,k})$个高斯混合分量进行表示：

$$v_{k|k-1}(\boldsymbol{\zeta}_k) = \sum_{i=1}^{N \times (J_{k-1} + J_{b,k})} w_{k-1|k}^{(i)}\mathcal{N}(\boldsymbol{\zeta}; \boldsymbol{\mu}_{k|k-1}^{(i)}, \boldsymbol{P}_{k|k-1}^{(i)})$$

（2.94）

（2）状态更新

在非线性高斯系统的假设下，增广状态 $\boldsymbol{\zeta}_k$ 的测量似然概 $g(\boldsymbol{z}|\boldsymbol{\zeta}_k)$ 率密度服从高斯分布，因此增广状态对应的后验集合强度值也可以用高斯混合模型进行表示：

$$v_k(\boldsymbol{\zeta}_k) = v_{k|k-1}(\boldsymbol{\zeta}_k)\Big[1 - p_D(\boldsymbol{\zeta}_k) + \sum_{\boldsymbol{z}\in\boldsymbol{Z}_k}\sum_{i=1}^{J_{k|k-1}} w_k^{(i)}\mathcal{N}(\boldsymbol{\zeta};\boldsymbol{\mu}_{k|k}^{(i)},\boldsymbol{P}_{k|k}^{(i)})\Big] \quad (2.95)$$

其中，$J_{k|k-1} = N \times (J_{k-1} + J_{b,k})$；$w_k^{(i)}$ 表示每个测量值对应的高斯混合分量的权值，其计算方法为

$$w_k^{(i)} = \frac{p_D(\boldsymbol{\zeta}_k)w_{k|k-1}^{(i)}\mathcal{N}(\boldsymbol{z};\nabla\boldsymbol{H}_k\boldsymbol{\mu}_{k|k-1}^{(i)},\boldsymbol{S}_k^{(i)})}{c_k(\boldsymbol{z}) + \sum_{j=1}^{J_{k|k-1}} p_D(\boldsymbol{\zeta}_k)w_{k|k-1}^{(j)}(\boldsymbol{z},\boldsymbol{\zeta}_k)} \quad (2.96)$$

其中，$\nabla\boldsymbol{H}_k$ 表示路标特征测量方程关于 $k$ 时刻路标特征估计值处的雅可比矩阵；在缺乏环境先验信息时，虚假观测对应的随机集强度值 $c_k(\boldsymbol{z})$ 可以认为是服从均一分布的，其幅度值由平均杂波数量 $\lambda_c$ 和外部传感器视场空间 $V$ 确定：

$$c_k(\boldsymbol{z}) = \lambda_c V \mathcal{U}(\boldsymbol{z}) \quad (2.97)$$

另外，对于一般非线性程度的测量模型，每个高斯混合分量的均值 $\nabla\boldsymbol{H}_k\boldsymbol{\mu}_{k|k-1}^{(i)}$ 和协方差 $\boldsymbol{S}_k^{(i)}$ 可以通过标准的卡尔曼滤波更新算法进行估计：

$$K_k^{(i)} = \boldsymbol{P}_{k|k-1}^{(i)}\nabla\boldsymbol{H}_k^{\mathrm{T}}(\nabla\boldsymbol{H}_k\boldsymbol{P}_{k|k-1}^{(i)}\nabla\boldsymbol{H}_k^{\mathrm{T}} + \boldsymbol{R}_k)^{-1} \quad (2.98)$$

$$\boldsymbol{\mu}_{k|k}^{(i)} = \boldsymbol{\mu}_{k|k-1}^{(i)} + K_k^{(i)}(\boldsymbol{z} - \nabla\boldsymbol{H}_k\boldsymbol{\mu}_{k|k-1}^{(i)}) \quad (2.99)$$

$$\boldsymbol{P}_{k|k}^{(i)} = (\boldsymbol{I} - K_k^{(i)}\nabla\boldsymbol{H}_k)\boldsymbol{P}_{k|k-1}^{(i)} \quad (2.100)$$

（3）状态提取

经过以上状态预测与状态更新过程，$k$ 时刻用来表示后验增广状态 $\boldsymbol{\zeta}_k$ 集合强度值的高斯分量个数为 $N \times (1 + |\boldsymbol{Z}_k|)(J_{k-1} + J_{b,k})$。由此可以看出，随着时间的不断推移，所需要的高斯分量个数将会无限增加。为了保证 SLAM 算法的实时性，引入高斯分量删减与合并操作。高斯分量的删减操作通过丢弃那些权值小于某给定阈值的项来实现，而高斯分量的合并是将两两之间的马氏距离

小于某给定阈值的项进行合并。最后，从分量删减与合并之后的高斯分量中选出相应数量个最大权值对应的项，并将其均值和协方差作为机器人位姿状态以及路标特征的位置状态的估计值。

# 参考文献

[1] Saleemi I, Shah M. Multiframe many-many point correspondence for vehicle tracking in high density wide area aerial videos[J]. International Journal of Computer Vision, 2013, 104: 198-219.

[2] Barfoot T D. State Estimation for Robotics[M]. Cambridge, UK: Cambridge University Press, 2017.

[3] Montemerlo M, Thrun S, Koller D, et al. FastSLAM: A Factored Solution to the Simultaneous Localization and Mapping Problem[C]. Edmonton, Alta., Canada: National Conference on Artificial Intelligence, 2002: 593-598.

[4] Doucet A, Godsill S J, Andrieu C. On Sequential Simulation-Based Methods for Bayesian Filtering[M]. Cambridge, UK: Department of Engineering, University of Cambridge, 1998.

[5] Li T, Bolic M, Djuric P M. Resampling methods for particle filtering: classification, implementation, and strategies[J]. IEEE Signal Processing Magazine, 2015, 32(3): 70-86.

[6] Thrun S. Particle Filters in Robotics[C]. Seattle, WA, United States: Proceedings of the 17th Annual Conference on Uncertainty in AI (UAI), 2002, 2: 511-518.

[7] Mullane J, Ba-Ngu V, Adams M D, et al. A Random Set Formulation for Bayesian SLAM[C]. Nice, France: IEEE/RSJ International Conference on Intelligent Robots and Systems, 2008: 1043-1049.

[8] Mahler R P S. Statistical Multisource-multitarget Information Fusion[M]. Norwood, MA, USA: Artech House, 2007.

# 第3章 基于统计线性回归鲁棒优化的高斯滤波 SLAM 算法

## 3.1 引　言

高斯滤波器是一类非常重要的递归状态估计算法,它是最早成功实现求解连续空间上状态估计问题的贝叶斯滤波器[1]。与传统的机器人定位、目标跟踪等问题一样,移动机器人同时定位与地图重建本质上也可以看成是一个基于概率模型的多维非线性状态估计问题。近年来,许多非线性高斯滤波器被广泛应用于在线实时的 SLAM 算法[2,3]。在随机测量噪声服从高斯分布的假设条件之下,研究者们根据不同的高斯后验近似准则提出了许多非线性高斯滤波器,主要包括扩展卡尔曼滤波器、扩展信息滤波器以及无迹卡尔曼滤波器、容积卡尔曼滤波器等各种 Sigma 点滤波器。在所有的非线性高斯滤波器中,由于 Sigma 点滤波器采用统计线性化方式来近似非线性函数,在滤波过程中不需要计算雅可比矩阵,并且能够将非线性函数的近似逼近到二阶以上的估计精度,因而得到了研究者们的广泛关注。容积卡尔曼滤波器(CKF)是根据球面-径向准则,经过严格的数学推导得出的 Sigma 点滤波算法[4],其所有 Sigma 点的权值均为正,因此其数值稳定性和滤波估计精度均优于无迹卡尔曼滤波器(UKF)。然而在实际移动机器人 SLAM 应用环境中,受信号扰动、传感设备故障等多种不确定性因素影响,测量噪声往往具有非高斯重尾分布的特性。在非高斯测量噪声的条件下,传统的基于高斯滤波器的 SLAM 算法会因为存在测量值局外点而出现状态估计不正确甚至算法不收敛的现象[5]。

针对上述问题,MonteMerlo 等人[6,7]提出了基于 Rao-Blackwellized 粒子滤

波器的 FastSLAM 算法,通过有限个数的加权粒子来显式地表示任意形式的后验概率分布。Olson 等人[8]指出在 FastSLAM 算法中,后验概率的复杂性会随着时间推移而不断增加,因而算法需要维护越来越多的粒子来保证对后验概率的估计质量,并且在实际的算法实现中,需要采用粒子重采样操作来保证算法的实时性。而正如本书后续章节中所提到的,目前关于如何确定合理的粒子个数以及如何选择有效的粒子重采样策略仍然是一个未解决的问题。Durrant-Whyte 等人[9]和 Blackman[10]先后提出了基于多假设跟踪方法的 SLAM 算法来处理非高斯噪声,其主要思想是利用多个不同的高斯分布来表示非高斯的后验概率。然而在多目标跟踪方法中,当前高斯分量的个数与上一时刻高斯分量的个数以及当前时刻的观测个数之间成指数增长关系,最终需要丢弃部分高斯分量来换取可接受的算法运行时间。此外,基于 $H_\infty$ 滤波器的 SLAM 算法[11, 12],通过将非高斯噪声看成是未知有界量进行同步估计,也可以实现在非高斯噪声条件下机器人联合状态的估计。但是,这些算法需要事先精心选择 $H_\infty$ 滤波器的参数来避免出现极大的不确定度,从而导致错误的估计结果。

从统计线性回归的角度来看,传统的高斯滤波器可以看作基于递归最小 $L_2$ 范数或者最小均方误差准则获取最优估计的方法,因而其鲁棒性能通常比较差。为了改进传统最小平方优化不能抵抗局外点干扰的缺陷,Huber[13]提出了一种通用的广义极大似然估计法,它通过将优化目标函数表示成最小 $L_1$ 范数和 $L_2$ 范数的组合形式,并赋予局外点相关的测量残差项较小的权值,从而抑制局外点的影响。Karlgaard 等人[14]从统计线性回归角度出发,推导了基于 Huber M 估计法的鲁棒分开差分滤波器算法。Wang 等人[15]研究了基于 Huber M 估计法的鲁棒扩展卡尔曼滤波器在视觉相对导航中的应用。

针对传统高斯滤波 SLAM 算法在非高斯测量噪声条件下出现估计性能下降的问题,本章提出了一种基于统计线性回归鲁棒优化的高斯滤波 SLAM 算法。为提高机器人联合状态估计的数值稳定性和精度,算法中利用平方根容积卡尔曼滤波器对增广后的状态向量和误差协方差进行预测估计。在状态向量的测量更新阶段,利用广义极大似然估计法对状态测量更新方程进行改造,提高算法对测量值干扰点的抑制能力。

## 3.2 估计原理与发展历史

### 3.2.1 估计原理概述

从信号处理的角度来讲,估计和滤波问题是从系统接收的含有噪声的观测信号中恢复出有用信号或推算出系统参数值,此过程中观测信息提供估计所需的数据信息[16]。由于存在设备测量误差、系统假设模型误差、测量环境变化等多方面干扰影响因素,我们得到的是带有各类误差的观测值,为了得到更贴近真实值的数据或者参数值,我们需要对其进行估计并评价估计结果的准确程度。上述估计问题用数学语言进行描述,即在给定系统观测值 $\boldsymbol{Z}$ 的前提下,构造一个带有观测数据的函数 $\hat{\boldsymbol{X}}(\boldsymbol{Z})$ 去估计系统的未知随机变量 $\boldsymbol{X}$ 的问题:

$$\hat{\boldsymbol{X}}(\boldsymbol{Z}) = E(\boldsymbol{X}|\boldsymbol{Z}) \tag{3.1}$$

其中, $\boldsymbol{Z} = \{z_1, z_2, \cdots, z_n\}$ 表示给定的 $n$ 个测量值。如图 3.1 所示,在一个完整的估计器中,系统通过观测空间实现从参数空间和状态空间到估计空间的映射过程,估计结果为对应观测值符合某种准则条件下的极值。

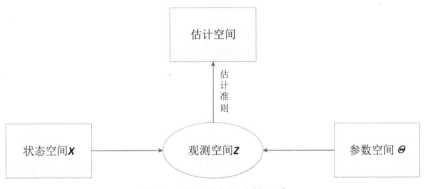

图 3.1 估计器空间映射关系

根据估计对象与目的不同,估计问题通常可分为参数估计和状态估计。参数是系统自身的特性,往往不随时间发生变化,或者随时间缓慢发生变化;状态则是对系统在某一时刻的随机过程的描述。在实际应用中,我们往往通过参数对状态进行估计,某些情况下参数也可以采用向量增广的方式作为状态变量的一部分进行估计。此外,估计过程中状态也能成为特殊的参数,用参数估计的方法来估计状态。为了对参数或状态获得尽可能准确的估计，目前研究者们已提出了多种估计准则来衡量估计的精度，常用的估计准则可以分为三类：直接误差准则、误差函数矩准则和直接概率准则[17]。

直接误差准则：以估计误差为自变量设计代价函数，求取代价函数极小化时的估计值。此估计过程与观测噪声的统计特性无关，包括常见的最小二乘法估计及由其衍生而来的估计方法。

误差函数矩准则：设计代价函数为误差函数矩，要求观测噪声的相关矩已知。由于误差函数矩相比于直接误差，含有更丰富的信息，因此估计精度比直接误差准则略高，例如最小方差估计方法。

直接概率准则：代价函数以误差的概率密度函数表示，估计精度最高，但往往计算复杂度较高，极大似然估计和最大后验估计均属于此类。

### 3.2.2　鲁棒性估计发展历程

在实际应用中，系统模型中由于建模误差或参数漂移等因素影响不可避免地存在不确定性，因而常规贝叶斯滤波器需要经过适当改进来增强估计鲁棒性。事实上，研究者们在很早以前就认识到最小二乘法对于输入数据真实分布的敏感性问题。在 1805 年首次发表关于最小二乘法的文献中，Legendre[18]就建议在使用该算法前先将错误数据从所有的观测数据集中剔除，也就是剔除那些不符合高斯分布，即所谓处于重尾分布中的数据。在 1809 年，数学家高斯甚至很有争议地提出过使用算数平均值（最小 $L_2$ 范数）作为估计标准应该被视为一项公理[13]。而在那个年代，人们也普遍认识到在某些情形下，其他估计算法会优于算数平均估计法，比如中值估计法是输入数据呈双指数分布时的最小方差估计算法。高斯之后也承认，他是从纯数学计算便利角度出发提出了高斯分布，而不是根据对一些随机过程进行统计和实验分析后得出的结果。

不同于早期提出的针对输入数据采用结合异常值剔除和最小二乘法的鲁棒性估计方法，纽科姆（Newcomb）提出了采用多个不同方差的混合高斯分布对重尾分布的观测数据进行鲁棒建模[19]。胡贝儿（Huber）根据广义极大似然估计理论，提出了一种经过严格数学推导后的鲁棒性数据处理方法，该方法融合了最小 $L_1$ 范数和 $L_2$ 范数估计方法，对非高斯概率密度函数具有一定的鲁棒性[20]。Huber 鲁棒估计方法最初被应用于估计概率分布的中心，并进一步被推广应用到多元线性回归问题中[21, 22]。Boncelet 和 Dickinson[23]通过将离散时间滤波问题表示为线性回归序列，在每次测量更新时采用 Huber 鲁棒估计技术对序列进行处理，从而得到了鲁棒性滤波估计方法。采用类似的方式，将 Huber 鲁棒估计技术和滤波技术进行有机融合。该方法被成功地应用于解决水下目标跟踪[24]、电源系统状态估计[25]、语音处理[26]和宇宙飞船对接导航[27]等各类实际问题。

针对观测数据不符合高斯分布情形下鲁棒性滤波估计，数据审查（data censoring）方法将当前观测值作为审查对象，当观测值与其预测值偏离超过预设阈值时将被直接丢弃，不再进入测量更新操作。另一种常用方法被称为膨胀法（inflating），即增大所有观测值对应的测量误差协方差矩阵，从而抑制非高斯性带来的扰动影响。上述两种方法使用时较为简便，但最终都会在一定限度内引起估计误差的增加[28, 29]。在不考虑计算量的前提下，高斯和滤波器与粒子滤波器也均可以实现对非高斯分布状态的鲁棒估计。此外，Tsai 和 Kurz[30]提出了一种自适应多项式近似方法用于提升传统卡尔曼滤波器在运动噪声或测量噪声为高斯分布时的估计鲁棒性。Hewer 等人[31]采用鲁棒批处理预滤波技术，在执行标准卡尔曼滤波估计步骤前先对原始测量数据进行平滑处理。Meinhold 和 Singpurwalla[32]也从贝叶斯滤波角度改进传统卡尔曼滤波器以提高算法的鲁棒性，采用学生 $t$ 分布来近似状态向量的先验和后验概率密度。

## 3.3　估计算法的鲁棒性定义

估计算法的鲁棒性是指当测量数据真实的概率分布与事先假设的分布存在偏离时，算法能够克服由此带来的影响，保证估计结果准确性的能力。鲁棒估计算法的目标体现在三个方面[33]：在假设的观测分布模型下，估计值应该是最优的或是最接近最优的；假设的分布模型与实际的分布模型差异较小时，估计值受离群值的影响较小；假设的分布模型与实际的分布模型偏离较大时，估计值也不会受到破坏性影响。Hampel[34, 35]提出了不同估计算法关于上述偏差的鲁棒性的概念，并将其总结为三个鲁棒性指标，即定性鲁棒性、全局鲁棒性和局部鲁棒性。

### 3.3.1　定性鲁棒性

定性鲁棒性可用于衡量估计算法对于测量数据真实分布与其假设分布之间存在较小偏差时的抗干扰能力。我们称一个统计流程具有定性鲁棒性，意味着当假设模型出现微小变化时，估计结果也只会相应产生微小的变化。这里提到的假设模型中的微小变化可以包括两种情形：一种是只有一小部分数据发生大的变化（即存在异常值），另一种是所有数据同时发生小的变化。由上述定义可知，传统的最小二乘估计算法会因为一个异常值的存在导致估计结果完全错误，因而不具有定性鲁棒性。

### 3.3.2　全局鲁棒性

全局鲁棒性是用来描述估计算法在完全崩溃前能够承受的异常数据干扰的最大程度。一般可用来表示全局鲁棒性的量化指标有最大偏差曲线（maximum bias curve）和崩溃点（breakdown point）两种。

给定如下一个测量数据的混合分布函数 $G$：

$$G = (1 - \epsilon)F + \epsilon H \tag{3.2}$$

其中，$F$ 表示假设分布函数，$H$ 表示未知干扰分布函数，$\epsilon$ 表示干扰分布函数所占比例大小。该分布函数对应的最大偏差值计算方法如下：

$$b_{\max}(\epsilon) = \sup|\hat{x}(G) - \hat{x}(F)| \tag{3.3}$$

崩溃点是指当估计算法的最大偏差值为有限值时可以设置的最大占比，记作 $\epsilon^*$。如果崩溃点为零，则说明估计算法不具有全局鲁棒性。传统的最小二乘估计算法甚至会因为一个干扰点导致偏差值为无穷大，因此不具有全局鲁棒性。

### 3.3.3　局部鲁棒性

局部鲁棒性是评价估计算法在假设模型遭受无穷小干扰时，保证估计偏差和方差不受影响的能力。其中常用来表示局部鲁棒性的量化指标被称为影响曲线或影响函数。

观测数据为一维分布情况时，渐进影响函数与函数$\phi(\zeta)$成正比，具体计算方法如下：

$$\nu(\zeta) = \frac{\partial \hat{x}(G)}{\partial \epsilon}\bigg|_{\epsilon=0} = \frac{\phi(\zeta)}{E[\phi'(\zeta)]} \tag{3.4}$$

其中，$G = (1-\epsilon)F + \epsilon\Delta$，$\Delta$表示质心为$x$的单位脉冲分布函数。渐进偏差与影响函数近似局部相关，即

$$b(\epsilon) = |\hat{x}(G) - \hat{x}(F)| \approx \epsilon|\nu(\zeta)| \tag{3.5}$$

因此，具有局部鲁棒性的估计算法必须具有有界的影响函数，以使偏差在有干扰数据存在的情况下仍然保持有限值，反过来也意味着函数$\phi(\zeta)$在$x$为任意值时也是有界的。根据上述定义，最小二乘估计算法也不具备局部鲁棒性。

对于线性回归类估计算法，其渐进影响函数计算相对复杂，具体如下：

$$\nu(\zeta) = \frac{\phi(\zeta)}{E[\phi'(\zeta)]} E\left[\left(\frac{\partial\zeta}{\partial x}\right)\left(\frac{\partial\zeta}{\partial x}\right)^{\mathrm{T}}\right]^{-1}\frac{\partial\zeta}{\partial x} \tag{3.6}$$

需要注意的一点是可以通过选择适当的函数$\phi$来限定影响函数，但也可能因为偏微分项导致影响函数变为无限值。那些远离样本中心的点被称为杠杆点。如果线性回归类估计算法的函数$\phi$有界且没有杠杆点时，可以认为算法具有局部鲁棒性。

## 3.4 基于线性回归的鲁棒估计算法

鲁棒估计算法按照其依据的数学原理不同可以分为三种类型，即 M 估计、L 估计和 R 估计[29]。其中，M 估计是经典极大似然估计的推广，称为广义极大似然估计；L 估计是排序统计量的线性组合估计；R 估计则是秩估计，来源于秩统计检验。广义极大似然估计方法具有优良的数学性质，引导了鲁棒性基础理论的构建和发展，已成为最经典、最常用的鲁棒估计算法，以下对它的定义、算法流程、鲁棒代价函数及估计性能指标等内容进行详细介绍。

### 3.4.1 经典极大似然估计

经典极大似然估计是一种基于概率统计的估计方法，它可以用来求解一个

样本集的相关概率密度函数中的未知参数。这种方法最早是由 Fisher 在其 1912 年至 1922 年发表的一系列研究论文中提出并使用[36]。同时，伯努利（Bernoulli）曾经提出的半圆形分布（semi-circular distributions）[37]等一些基本概念，事实上也是跟极大似然估计算法紧密相关的。

极大似然估计的完整处理流程如下。

给定含有 $m$ 个数据的测量值集合 $\boldsymbol{y} = \{y_1, y_2, \cdots, y_m\}$，关于状态向量 $\boldsymbol{x}$ 的联合概率密度函数 $f(\boldsymbol{y}|\boldsymbol{x})$，似然函数 $L$ 的定义如下：

$$L(\boldsymbol{x}; \boldsymbol{y}) = f(\boldsymbol{y}|\boldsymbol{x}) \tag{3.7}$$

假定所有观测数据独立且同分布，那么联合密度函数就可以表示为边缘密度函数的乘积。类似地，密度函数可进一步简化为只与估计值和观测值之间残差相关的函数。据此，似然函数可表示为：

$$L(\boldsymbol{x}; \boldsymbol{y}) = \prod_{i=1}^{m} f(\boldsymbol{\zeta}) \tag{3.8}$$

状态向量 $\boldsymbol{x}$ 的最佳值就是使似然函数取得最大值时对应的值。在实际计算时，通常是先对式（3.8）取自然对数，然后再求其最小值。通过将式（3.9）最小化得到最佳值：

$$J(\boldsymbol{x}) = -\sum_{i=1}^{m} \ln[f(\zeta_i)] \tag{3.9}$$

当密度函数可微时，极大似然回归问题的解可从以下隐式方程中求得：

$$\sum_{i=1}^{m} \phi(\zeta_i) \frac{\partial \zeta_i}{\partial \boldsymbol{x}} = \boldsymbol{0} \tag{3.10}$$

其中 $\phi(\zeta_i) = -f'(\zeta_i)/f(\zeta_i)$。令函数 $\psi(\zeta_i) = \phi(\zeta_i)/\zeta_i$，矩阵 $\boldsymbol{\Psi} = \mathrm{diag}[\psi(\zeta_i)]$，隐式方程式（3.10）可改写为矩阵形式：

$$\boldsymbol{H}^{\mathrm{T}} \boldsymbol{\Phi}(Hx - y) = \boldsymbol{0} \tag{3.11}$$

上述似然方程的解可以通过非线性系统的标准迭代方法来确定。似然方程的解是 $\boldsymbol{x}$ 的极大似然估计 $\hat{\boldsymbol{x}}$，对应的估计协方差为：

$$\hat{\boldsymbol{P}} = \frac{E(\phi^2)}{[E(\phi')]^2} (\boldsymbol{H}^{\mathrm{T}} \boldsymbol{H})^{-1} \tag{3.12}$$

当真实测量误差分布完全遵循假设分布，并且假设分布为单峰时，由极大似然估计得到的估计量为最小方差且渐近无偏。

### 3.4.2 广义极大似然估计

在测量噪声符合高斯独立同分布条件下，利用最小平方估计法可以得到状态值的有效无偏估计。而当测量噪声是非高斯分布时，传统的最小二乘估计法在测量异常值的干扰下无法收敛到正确的估计值。广义极大似然估计算法，简称 M 估计法，是一类采用统计线性回归方式最小化定义在样本空间上的累加和函数从而得到最优解的鲁棒性估计算法[29]。M 估计法的基本思想是采用迭代加权最小二乘估计回归系数，并根据回归残差值的大小确定各样本点的权重，从而抑制算法对测量异常点的敏感程度，提高估计的鲁棒性。

对于 $n$ 个样本观测值 $\{x_i\}_{i=1}^n$，其优化的目标函数定义为：

$$\min \sum_{i=1}^n \rho(r_i) = \min \sum_{i=1}^n \rho(\hat{x}_i, p) \tag{3.13}$$

其中，$r_i$ 表示关于第 $i$ 个样本的回归残差值；$\rho(\cdot)$ 表示一个对称、半正定的代价函数，其在零点处存在唯一最小值。假设 $\boldsymbol{p} = (p_1, p_2, \cdots, p_m)^{\mathrm{T}}$ 表示需要估计的 $m$ 维参数向量，M 估计就是求解以下 $m$ 个方程的过程：

$$\sum_{i=1}^n \psi(r_i) \frac{\partial r_i}{\partial p_j} = 0, \quad j = 1, 2, \cdots, m \tag{3.14}$$

其中，关于 $\boldsymbol{x}$ 的导数 $\psi(\boldsymbol{x}) = \mathrm{d}\rho(\boldsymbol{x})/\mathrm{d}\boldsymbol{x}$ 称为影响函数。定义一个相应的权重函数为 $w(\boldsymbol{x}) = \psi(\boldsymbol{x})/\boldsymbol{x}$，式（3.14）又可以写成如下形式：

$$\sum_{i=1}^n w(r_i) r_i \frac{\partial r_i}{\partial p_j} = 0, \quad j = 1, 2, \cdots, m \tag{3.15}$$

式（3.15）对应为求解以下迭代重加权线性最小平方问题：

$$\min \sum_{i=1}^n w(r_i^{(k)}) r_i^2 \tag{3.16}$$

其中，上标 $(k)$ 表示第 $k$ 次迭代。在每次迭代之后，权重值需要更新计算，以作为下一次迭代的初值。为减少测量异常点的干扰作用，可以对不同的点施加不同的权重，即对残差小的点给予较大的权重，而对残差较大的点给予较小的权重，根据残差大小确定权重，并据此建立加权的最小二乘估计，反复迭代以改进权重系数，直至权重系数之变化保持在一定的范围内。

### 3.4.3　常用鲁棒代价函数

在 M 估计法中，代价函数$\rho(x)$、影响函数$\psi(x)$以及权重函数$w(x)$的选择直接决定了估计算法的性能，包括估计偏差大小、计算效率等。理想的 M 估计法要求在数据完全符合预先假设的概率分布时产生令人满意的性能，并且当实际分布在某种程度上接近于预先假设分布时也能保持较好的估计性能。

表 3.1 列出了一些常用的 M 估计算法，其中参数$c$，$\nu$和$\gamma$可根据不同的算法性能需求进行选择。M 估计的代价函数在一定范围内可以自由选择，以适应不同的估计需求。当代价函数为凸函数并满足一些比较弱的条件时，M 估计具有弱相合和渐进正态性。

**表 3.1 常用的 M 估计算法函数**

| 算法名称 | 代价函数$\rho(x)$ | 影响函数$\psi(x)$ | 权重函数$w(x)$ |
|---|---|---|---|
| $L_1$ 范数法 | $\lvert x\rvert$ | $\mathrm{sgn}(x)$ | $\dfrac{1}{\lvert x\rvert}$ |
| $L_2$ 范数法 | $\dfrac{x^2}{2}$ | $x$ | $1$ |
| Least-Power 法 | $\dfrac{\lvert x\rvert^{\nu}}{\nu}$ | $\mathrm{sgn}(x)\lvert x\rvert^{\nu-1}$ | $\lvert x\rvert^{\nu-2}$ |
| Fair 法 | $c^2\left[\dfrac{\lvert x\rvert}{c}-\log(1+\dfrac{\lvert x\rvert}{c})\right]$ | $\dfrac{x}{1+\lvert x\rvert/c}$ | $\dfrac{1}{1+\lvert x\rvert/c}$ |
| $L_1$-$L_2$ 法 | $2(\sqrt{1+x^2/2}-1)$ | $\dfrac{x}{\sqrt{1+x^2/2}}$ | $\dfrac{1}{\sqrt{1+x^2/2}}$ |
| Cauchy 法 | $\dfrac{c^2}{2}\log\left[1+(x/c)^2\right]$ | $\dfrac{x}{1+(x/c)^2}$ | $\dfrac{1}{1+(x/c)^2}$ |
| Geman-McClure 法 | $\dfrac{x^2/2}{1+x^2}$ | $\dfrac{x}{(1+x^2)^2}$ | $\dfrac{1}{(1+x^2)^2}$ |
| Welsch 法 | $\dfrac{c^2}{2}\left\{1-\exp\left[-(x/c)^2\right]\right\}$ | $x\exp\left[-(x/c)^2\right]$ | $\exp\left[-(x/c)^2\right]$ |
| Huber 法 | $\begin{cases}x^2/2\\\gamma(\lvert x\rvert-\gamma/2)\end{cases}$ | $\begin{cases}x\\\gamma\,\mathrm{sgn}(x)\end{cases}$ | $\begin{cases}1\\1/\lvert x\rvert\end{cases}$ |

Huber 函数是一种结合最小 L1 范数和 L2 范数的代价函数,由于它可以在实际噪声分布偏离高斯概率密度分布时,通过最小化最大渐进估计方差原则增强估计的鲁棒性能[38]。当优化参数 $\gamma$ 取值为 1.345 时,基于 Huber 函数的 M 估计算法可以得到标准高斯分布条件下基于 L2 范数估计的95%渐进效率。一般地,当优化参数 $\gamma$ 取值为 1 时,其代价函数、影响函数及权重函数与 L1 范数法、L2 范数法的对比如图 3.2 所示。

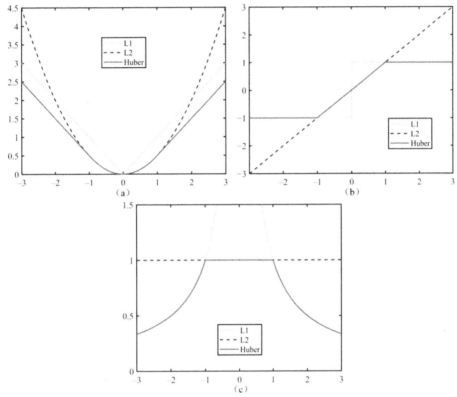

图 3.2　Huber 核函数与 $L_1$ 范式、$L_2$ 范式核函数对比
（a）代价函数（b）影响函数（c）权重函数

## 3.4.4　估计性能评价指标

对于广义极大似然估计这一类算法,常用的评价不同算法估计性能的量化指标主要包括估计一致性、相对效率和估计偏差等。

如果估计算法的结果能够随着样本数据的数量趋于无穷多时收敛到真实值,那么就称该估计算法具有一致性。估计一致性的数学表达式子如下:

$$\lim_{n \to \infty} \hat{\boldsymbol{x}} = \boldsymbol{x} \qquad (3.17)$$

其中，$n$ 表示估计算法处理的观测数据个数。

相对效率是指估计算法的极大似然渐进方差和渐进方差之间的比例，它在用来对比不同算法估计性能时十分有用。假设极大似然估计算法的渐进方差表示为 $\hat{P}_{\mathrm{MLE}}$，估计算法的渐进方差表示为 $\hat{P}$，那么渐进相对效率则为两者的商：

$$e = \frac{\hat{P}_{\mathrm{MLE}}}{\hat{P}} \qquad (3.18)$$

极大似然估计算法是在特定分布下的渐进最小方差，当 $e$ 取值为 1 时表示最佳渐进相对效率。

如果一个估计算法的偏差 $B(\hat{\boldsymbol{x}}) = E(\hat{\boldsymbol{x}}) - \boldsymbol{x} = \boldsymbol{0}$，则称该估计算法是无偏的。对于一致性估计算法，偏差与均方误差 $\boldsymbol{E}$，方差 $\boldsymbol{P}$ 之间的关系如下：

$$E\left[(\hat{\boldsymbol{x}} - \boldsymbol{x})(\hat{\boldsymbol{x}} - \boldsymbol{x})^{\mathrm{T}}\right] = \hat{\boldsymbol{P}} + B(\hat{\boldsymbol{x}})\left[B(\hat{\boldsymbol{x}})\right]^{\mathrm{T}} \qquad (3.19)$$

从上述可知，当偏差 $B$ 为 0 时，该估计算法为无偏估计，此时均方误差与方差的值刚好相等。

## 3.5　非线性滤波技术原理与分类

### 3.5.1　非线性滤波方法概述

在各类 SLAM 应用中，移动机器人的运动模型和观测模型一般均具有非线性的特点，因而基于线性最小方差估计准则的标准卡尔曼滤波器不能很好地适用于该类系统。对于非线性系统，非线性滤波是一类依据最小均方差、最大后验概率密度等估计准则，利用序贯测量信息来估计或预测系统的统计特性的估计方法。递归贝叶斯估计在理论上能对非线性系统的待估量进行最优估计，但实际应用中待估量的后验概率密度往往难以直接求取，因而需要借助次优近似估计的方法来进行估计。从本质上而言，次优近似估计的方法是在贝叶斯滤波估计框架基础上，在运动预测和测量更新过程中对非线性函数或者待估量的概率密度进行近似拟合，进而完成非线性系统的状态估计。

　　对于非线性系统,系统状态的最优滤波估计只能得到理论上的数学表达式,无法直接求得后验概率密度的解析解,所以往往只能寻求其近似次优解。针对非线性系统中涉及的无穷维积分困难和计算量过大等问题,研究者们陆续提出了基于泰勒级数展开近似、Stirling 多项式插值、无迹转换、Gauss-Hermite 求积分规则、Spherical-Radial 容积规则和随机粒子采样等非线性变换方法,并分别将它们与贝叶斯滤估计框架结合,形成相应的非线性滤波估计算法。根据所采用的近似原理和过程不同,以上列举的非线性近似方法大致可以分成三种类型,即基于函数线性化的近似方法、基于确定性采样的近似方法和基于随机采样粒子的近似方法。本章主要围绕前两种类型的非线性变换方法进行介绍,关于基于随机采样粒子的近似方法的介绍请读者阅读本书第 4 章。

### 3.5.2　基于函数线性化的近似方法

（1）泰勒级数展开近似法

　　泰勒级数展开近似是最典型的基于函数线性化的近似方法,它将非线性函数的低阶项（通常是一次项或到二次项为止的项）进行线性化截断处理,同时忽略其余高阶项,从而实现非线性函数的线性化。

　　假设随机向量 $\boldsymbol{x} \in \mathbb{R}^n$,其均值和协方差分别为 $\overline{\boldsymbol{x}}$ 和 $\boldsymbol{P}_{xx}$,$f(\cdot)$ 为给定的非线性可导函数,随机向量 $\boldsymbol{y} \in \mathbb{R}^m$ 与 $\boldsymbol{x}$ 的映射关系定义如下:

$$\boldsymbol{y} = f(\boldsymbol{x}) \tag{3.20}$$

将式（3.20）在 $\boldsymbol{x} = \overline{\boldsymbol{x}}$ 点处进行泰勒级数展开,得到以下线性组合:

$$\boldsymbol{y} = f(\overline{\boldsymbol{x}} + \boldsymbol{\varepsilon}) = f(\overline{\boldsymbol{x}}) + f^{(1)}\boldsymbol{\varepsilon} + \frac{1}{2!}f^{(2)}\boldsymbol{\varepsilon}^2 + \frac{1}{3!}f^{(3)}\boldsymbol{\varepsilon}^3 + \cdots \tag{3.21}$$

其中,$f^{(i)}$ 表示函数 $f(\cdot)$ 在 $\boldsymbol{x} = \overline{\boldsymbol{x}}$ 点处的 $i$ 阶偏导数,$\boldsymbol{\varepsilon}$ 为在 $\boldsymbol{x} = \overline{\boldsymbol{x}}$ 点处的邻域偏值。当采用一阶泰勒级数展开近似方法时,式（3.21）中从二阶开始往后的项均被忽略。由此,$\boldsymbol{y}$ 的均值 $\overline{\boldsymbol{y}}$ 和协方差 $\boldsymbol{P}_{yy}$ 可根据下式进行估计:

$$\begin{aligned} \overline{\boldsymbol{y}} &= E(\boldsymbol{y}) \approx E(f(\overline{\boldsymbol{x}}) + f^{(1)}(\boldsymbol{\varepsilon}) \\ \boldsymbol{P}_{yy} &= E[(\boldsymbol{y} - \overline{\boldsymbol{y}})(\boldsymbol{y} - \overline{\boldsymbol{y}})^{\mathrm{T}}] \approx E\left[(f(\overline{\boldsymbol{x}}) + f^{(1)}\boldsymbol{\varepsilon})(f(\overline{\boldsymbol{x}}) + f^{(1)}(\boldsymbol{\varepsilon})^{\mathrm{T}}\right] \end{aligned} \tag{3.22}$$

　　扩展卡尔曼滤波器（EKF）算法正是通过对非线性函数的泰勒级数展开式进行一阶线性化近似,进而采用标准的卡尔曼滤波算法进行滤波处理。其后,多种改进后的 EKF 方法[39, 40]的提出及应用进一步提高了对非线性系统的估计性能。EKF 是求解 SLAM 问题的一种经典方法，并且已经在移动机器人实践应用中取得了诸多成效，然而该方法存在两个主要缺点：其一是当系统为强非线性时，泰勒展开式中被忽略的高阶项带来大的误差，EKF 算法可能会使滤波发散；其二，由于 EKF 在线性化处理时需要用雅可比矩阵，其烦琐的计算过程导致该方法实现相对困难。所以，当同时满足线性系统、高斯白噪声、所有随机变量服从高斯分布这三个假设条件时，EKF 是最小方差准则下的次优滤波器，其性能依赖于局部非线性度。

（2）Stirling 多项式插值近似法

基于 Stirling 多项式插值的近似方法利用数值分析中的 Stirling 内插公式进行逼近，对非线性函数的近似计算过程中不需要求导操作，只需要利用有限个点的函数值进行替代，由此有效降低了计算复杂度。对于给定的非线性函数，采用二阶 Stirling 插值公式对其近似得到：

$$y \approx f(\overline{x}) + f'_d(\overline{x})(x - \overline{x}) + \frac{1}{2!}f''_d(\overline{x})(x - \overline{x})^2 \quad (3.23)$$

其中，$f'_d(\overline{x})$ 和 $f''_d(\overline{x})$ 分别为一阶和二阶中心差分系数。具体定义如下：

$$
\begin{aligned}
f'_d(\overline{x}) &= \frac{f(\overline{x} + h\delta_x) - f(\overline{x} - h\delta_x)}{2h} \\
f''_d(\overline{x}) &= \frac{f(\overline{x} + h\delta_x) + f(\overline{x} - h\delta_x) - 2f(\overline{x})}{h^2}
\end{aligned}
\quad (3.24)
$$

其中，$h$ 为中心差分步长参数，用于决定采样点围绕变量均值的分布；$\delta_x$ 为与 $x$ 具有相同协方差矩阵的随机变量，可通过将协方差矩阵 $P_{xx}$ 进行 Cholesky 分解后求得。

Schei 通过将中心差分方程用于对非线性函数的拟合，有效改进了标准 EKF 滤波算法的估计性能，并在此基础上开启了插值滤波方法的理论研究[41]。其后不久，Ito 等人[42]和 Norgarrd 等人[43]分别独立提出了中心差分卡尔曼滤波方法（central difference Kalman filter，CDKF），该方法采用二阶内插公式展开非线性函数，并利用中心差分方程代替泰勒级数展开时的求导运算。CDKF 滤波算法以非线性最优滤波器为基本理论框架，其优势在于它克服了 EKF 方法的缺点，滤波时不需要系统模型的具体解析形式，并充分考虑了随机变量的噪声统计特性，具有比 EKF 更小的线性化误差和更高的定位精度，对状态协方差的敏感性也要低得多。

### 3.5.3　基于确定性采样的近似方法

（1）无迹变换（UT 变换）

　　无迹变换是根据"对概率分布进行近似要比对非线性函数进行近似容易得多"的思想而提出的一种基于确定性采样的近似方法。无迹变换是按照对称采样规则选取一组不同权值的 Sigma 点对概率密度函数进行近似，这些采样点反映了变换后状态的概率密度分布。和一阶泰勒展开近似相比，无迹变换过程中不需对非线性函数进行线性化处理，从而避免求取系统非线性函数的雅可比矩阵，实现方式更为简单。无迹变换适用于状态和噪声符合高斯分布的非线性系统，经无迹变换后，系统的高斯特性不发生改变。

　　对于式（3.20）给定的非线性系统，利用无迹变换进行非线性近似求解 $\boldsymbol{y}$ 的均值和协方差的过程如下。

　　根据输入向量的均值 $\overline{\boldsymbol{x}}$ 和协方差矩阵 $\boldsymbol{P}_{xx}$，选择一种 Sigma 点采样策略，得到关于输入向量的 Sigma 采样点集合：

$$\boldsymbol{S}_x = \{w_i, \boldsymbol{\chi}_i\}, i = 1, 2, \cdots, L \tag{3.25}$$

其中，$L$ 为采样点总个数，$\boldsymbol{\chi}_i$ 表示第 $i$ 个采样点，$w_i$ 为第 $i$ 个采样点对应的权值。

　　将 Sigma 点集合中的每一个点代入非线性函数 $f$，得到变换后的 Sigma 点集合：

$$\boldsymbol{S}_y = \{\boldsymbol{y}_i\} = \{f(\boldsymbol{\chi}_i)\}, i = 1, 2, \cdots, L \tag{3.26}$$

　　随机向量 $\boldsymbol{y}$ 的均值和协方差矩阵可通过变换后的 Sigma 点集加权和运算得到，计算方法如下：

$$
\begin{aligned}
\overline{\boldsymbol{y}} &= \sum_{i=0}^{L-1} w_i \boldsymbol{y}_i \\
\boldsymbol{P}_{yy} &= \sum_{i=0}^{L-1} w_i (\boldsymbol{y}_i - \overline{\boldsymbol{y}})(\boldsymbol{y}_i - \overline{\boldsymbol{y}})^{\mathrm{T}}
\end{aligned}
\tag{3.27}
$$

　　需要注意的是，在执行式（3.26）时，不同 Sigma 点采样策略决定了 Sigma

采样点个数、分布位置及相应的权值计算方法。目前，常用的 Sigma 点采样策略主要有对称采样、比例修正采样、单形采样、三阶矩偏度采样等。当选择对称采样策略时，通过无迹变换可得到 $2n+1$ 个围绕变量均值呈对称分布的 Sigma 点

$$\boldsymbol{\chi}_i = \begin{cases} \overline{\boldsymbol{x}}, & i = 0 \\ \overline{\boldsymbol{x}} + \left(\sqrt{(n+\lambda)\boldsymbol{P}_{xx}}\right)_i, & i = 1, 2, \cdots, n \\ \overline{\boldsymbol{x}} - \left(\sqrt{(n+\lambda)\boldsymbol{P}_{xx}}\right)_{i-n}, & i = n+1, n+2, \cdots, 2n \end{cases} \quad (3.28)$$

对应的权值为：

$$w_i = \begin{cases} \dfrac{\lambda}{(n+\lambda)}, & i = 0 \\ \dfrac{1}{2(n+\lambda)}, & i = 1, 2, \cdots, 2n \end{cases} \quad (3.29)$$

其中，$\lambda$ 称为尺度因子，用于调节各个 Sigma 点与其均值之间的距离；$\left(\sqrt{(n+\lambda)\boldsymbol{P}_{xx}}\right)_i$ 表示矩阵 $(n+\lambda)\boldsymbol{P}_{xx}$ 平方根 $(n+\lambda)\boldsymbol{P}_{xx}$ 的第 $i$ 列向量，通常可用乔列斯基（Cholesky）分解方法求得。

将上述 Sigma 点及权值代入式（3.21），并进行泰勒级数展开整理后可得：

$$\boldsymbol{y} = f(\overline{\boldsymbol{x}}) + \frac{1}{2}f^{(2)}\boldsymbol{P}_{xx} + \frac{1}{2(n+\lambda)}\sum_{i=1}^{2n}\left(\frac{1}{4!}f^{(4)} + \cdots\right) \quad (3.30)$$

由此可见，无迹变换相当于将函数 $f$ 在 $\boldsymbol{x} = \overline{\boldsymbol{x}}$ 点处进行泰勒级数展开近似保留了前两阶的信息，仅忽略三阶及以上高阶矩带来的偏差，并且当尺度因子满足 $n + \lambda = 3$ 时可最小化四阶矩误差。

（2）Gauss-Hermite 求积分规则

基于 Gauss-Hermite 求积分规则的非线性近似方法，是将关于某个区间上任意函数的积分运算近似为对一系列特定点的数值积分求和操作，从而避免了直接求解非线性函数状态估计的问题。一维高斯变量的 Gauss-Hermite 求积分公式为：

$$\int_{-\infty}^{+\infty} \exp(-x^2)f(x)\mathrm{d}x \approx \sum_{i=1}^{m} A_i f(x_i) \quad (3.31)$$

其中，$x_i$ 为 Hermite 多项式的零点，被称为高斯点，$A_i$ 为对应的高斯系数，$m$ 为高斯点的个数，其值大小决定了高斯积分的代数精确度。Hermite 多项式 $H_m(x)$ 定义如下：

$$H_m(x) = (-1)^m \exp(x^2) \frac{\mathrm{d}^m}{\mathrm{d}x^m} \exp(-x^2) \tag{3.32}$$

此外，高斯系数 $A_i$ 由下式求得：

$$A_i = \frac{2^m(m)!\sqrt{\pi}}{[H'_m(x_i)]^2} \tag{3.33}$$

对于服从高斯分布的变量 $x \sim N(0,1)$，其函数 $f(x)$ 的期望为 $E[f(x)]$，通过适当的变量替换可变换成标准的 Gauss-Hermite 求积分公式。利用 Gauss-Hermite 求积分公式的高斯点和高斯系数，可将上述期望值近似为 $m$ 个 Sigma 点 $\zeta_i$ 的加权和：

$$E[f(x)] \approx \sum_{i=1}^{m} w_i f(\zeta_i) \tag{3.34}$$

其中，积分点 $\zeta_i$ 和权值 $w_i$ 与函数 $f(x)$ 的具体形式无关，可通过计算三对角矩阵的特征值和特征向量的方法[44]求得：假设三对角矩阵 $\boldsymbol{J}$，其主对角线元素都为零，另两条对角线除外的元素也均为零，对于 $1 \leqslant i \leqslant m-1$，矩阵元素满足 $\boldsymbol{J}_{i,i+1} = \sqrt{i/2}$，则积分点和权值可根据下式计算：

$$\begin{cases} \zeta_i = \sqrt{2}\varepsilon_i \\ w_i = (v_i)_1^2 \end{cases} \tag{3.35}$$

其中，$\varepsilon_i$ 为三对角矩阵的第 $i$ 个特征值，$v_i$ 为三对角矩阵正规化后第 $i$ 个特征向量的第一个元素。

## （3）Spherical-Radial 容积规则

在高斯噪声的假设条件下，非线性滤波问题可以看成是一系列的多维积分数值计算过程，其中被积函数表示为非线性函数与高斯概率密度函数的乘积的形式。其具体表达式为：

$$I(f) = \int_{\Omega} f(\boldsymbol{x})w(\boldsymbol{x})\mathrm{d}\boldsymbol{x} \tag{3.36}$$

其中，$I(f)$ 为所求积分值，$f(\boldsymbol{x})$ 为关于状态向量 $\boldsymbol{x}$ 的非线性函数，

$w(\boldsymbol{x}) = \exp(-\boldsymbol{x}^{\mathrm{T}}\boldsymbol{x})$为加权高斯函数，$\Omega \subseteq \mathbb{R}^n$为笛卡尔坐标系下的 $n$ 维空间积分区域。

Arasaratnam 和 Haykin[4]提出的容积卡尔曼滤波器是一种新型 Sigma 点滤波算法，它利用容积数值积分规则来计算数值积分，从而对状态的后验概率分布进行近似。在容积卡尔曼滤波算法中，首先需要将积分运算转化为球面-径向的积分形式，即把笛卡尔坐标系下的状态向量 $\boldsymbol{x} \in \mathbb{R}^n$ 转化到以半径 $r \in [0, +\infty)$和方位向量$\boldsymbol{\theta}$表示的球面-径向坐标系下：

$$I(f) = \int\limits_0^{+\infty} \int\limits_{\mathbb{U}_n} f(r\boldsymbol{\theta})r^{n-1}\exp(-r^2)\mathrm{d}\sigma(\boldsymbol{\theta})\mathrm{d}r \tag{3.37}$$

其中，$\mathbb{U}_n = \left\{\boldsymbol{\theta} \in \mathbb{R}^n \middle| \theta_1^2 + \theta_2^2 + \cdots + \theta_n^2 = 1\right\}$为单位球面，$\sigma(\cdot)$为积分域$\mathbb{U}_n$上的积分微元。

然后利用三阶球面-径向积分规则进行数值积分运算，计算过程可以总结如下：

$$I(f) = \int\limits_0^{+\infty} S(r)r^{n-1}\exp(-r^2)\mathrm{d}r \tag{3.38}$$

其中，$S(r)$为单位权重函数$\omega(\boldsymbol{\theta}) = 1$的球面积分，且

$$S(r) = \int\limits_{\mathbb{U}_n} f(r\boldsymbol{\theta})\mathrm{d}\sigma(\boldsymbol{\theta}) \tag{3.39}$$

分别采用$m_r$点的高斯求积规则和$m_s$点的球面规则，可以得到：

$$\int\limits_0^{+\infty} f(r)r^{n-1}\exp(-r^2)\mathrm{d}r = \sum_{i=1}^{m_r} a_i f(r_i) \tag{3.40}$$

$$\int\limits_{\mathbb{U}_n} f(r\boldsymbol{\theta})\mathrm{d}\sigma(\boldsymbol{\theta}) = \sum_{j=1}^{m_s} b_j f(r\boldsymbol{\theta}_j) \tag{3.41}$$

联合式（3.40）和式（3.41），进一步得到球面-径向规则下容积点数为$m_s \times m_r$的加权累加近似值：

$$I(f) = \int\limits_{\mathbb{R}^n} f(\boldsymbol{x})\exp(-\boldsymbol{x}^{\mathrm{T}}\boldsymbol{x})\mathrm{d}\boldsymbol{x} \approx \sum_{j=1}^{m_s}\sum_{i=1}^{m_r} a_i b_j f(r_i\boldsymbol{\theta}_j) \tag{3.42}$$

当采用三阶球面-径向规则时，即令其中$m_r = 1$且$m_s = 2n$（$n$为状态向量$\boldsymbol{x}$的维数），标准高斯积分值可以用$2n$个容积点的加权累加值来近似，即

$$I_{\mathcal{N}}(f) = \int_{\mathbb{R}^n} f(\boldsymbol{x})\mathcal{N}(\boldsymbol{x}; \boldsymbol{0}, \boldsymbol{I})\mathrm{d}\boldsymbol{x} \approx \sum_{i=1}^{2n} \omega_i f(\boldsymbol{\xi}_i) \tag{3.43}$$

其中$\omega_i = 1/2n$表示容积点的权重，容积点与单位向量$\boldsymbol{e}_i$成线性关系：

$$\boldsymbol{\xi}_i = \begin{cases} \sqrt{n}\boldsymbol{e}_i, & i = 1, 2, \cdots, n \\ -\sqrt{n}\boldsymbol{e}_{i-n}, & i = n+1, n+2, \cdots, 2n \end{cases} \tag{3.44}$$

当状态向量为二维时，根据上式计算共有四个对称分布的三阶球面-径向容积点，具体分布情况如图 3.3 所示。

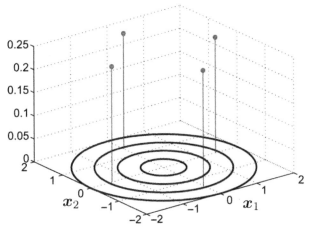

图 3.3　二维状态向量空间下三阶球面-径向容积点分布（修订自文献[4]）

### 3.5.4　加权统计线性回归方法

加权统计线性回归（weighted statistical linear regression，WSLR）方法的核心思想是根据系统状态向量的先验分布选取若干个采样点，随后分别代入系统的非线性函数对采样点进行传播，最后利用线性回归技术实现对随机变量的非线性函数线性化。加权统计线性回归方法可以看作是对多项式插值近似方法和基于确定性采样的近似方法的统一归纳与阐述，基于该方法得到的卡尔曼滤波器可统称为 Sigma 点卡尔曼滤波器（Sigma point Kalman filter，SPKF）。由于统计近似方法考虑了随机变量的先验统计特性，相对于直接将函数线性化的

近似方法可获得更小的线性误差。

给定如下满足一阶马尔可夫动态模型的非线性离散动态系统

$$x_k = f(x_{k-1}) + w_k$$
$$z_k = h(x_k) + v_k \tag{3.45}$$

其中，$k$ 表示离散时间序号，$x_k \in \mathbb{R}^n$ 为 $k$ 时刻的系统状态向量，$z_k \in \mathbb{R}^m$ 为 $k$ 时刻的观测向量；函数 $f(\cdot)$ 为系统的状态方程，$w_k \sim (0, Q_k)$ 表示零均值高斯运动噪声，函数 $h(\cdot)$ 为系统的测量方程，$v_k \sim (0, R_k)$ 表示零均值高斯测量噪声。可以将以上非线性离散动态系统改写为统计线性状态空间的表示形式：

$$x_{k+1} = A_{f,k}x_k + b_{f,k} + G_f v_k + G_f \varepsilon_{f,k}$$
$$z_k = A_{h,k}x_k + b_{h,k} + n_k + \varepsilon_{h,k} \tag{3.46}$$

其中，$A_{f,k}$，$b_{f,k}$，$A_{h,k}$ 和 $b_{h,k}$ 为统计线性化参数，$\varepsilon_{f,k}$ 和 $\varepsilon_{h,k}$ 为线性化误差。

随机变量的均值和方差可以通过 Sigma 点的加权统计得到，假设经过上述系统中非线性函数传播前后的 Sigma 点集分别为 $\{\chi_i\}_{i=1}^S$ 和 $\{\gamma_i\}_{i=1}^S$，则系统状态向量 $x$ 的先验一阶和二阶统计量计算如下：

$$\overline{x} = \sum_{i=1}^S w_i \chi_i$$
$$P_{xx} = \sum_{i=1}^S w_i(\chi_i - \overline{x})(\chi_i - \overline{x})^{\mathrm{T}} \tag{3.47}$$

其中，$w_i$ 称为回归加权系数或 Sigma 点归一化权值。相应地，系统状态向量 $x$ 的后验统计量为：

$$\overline{y} = \sum_{i=1}^S w_i \gamma_i$$
$$P_{yy} = \sum_{i=1}^S w_i(\gamma_i - \overline{y})(\gamma_i - \overline{y})^{\mathrm{T}} \tag{3.48}$$
$$P_{xy} = \sum_{i=1}^S w_i(\chi_i - \overline{x})(\gamma_i - \overline{y})^{\mathrm{T}}$$

从加权线性统计回归角度分析非线性系统状态估计，首先将非线性函数近似为带有线性误差补偿的形式：

$$y = f(\boldsymbol{x}) \simeq \boldsymbol{A}\boldsymbol{x} + \boldsymbol{b} + \boldsymbol{\varepsilon} \tag{3.49}$$

其中，$\varepsilon$ 表示线性误差，矩阵 $\boldsymbol{A}$ 和向量 $\boldsymbol{b}$ 通过最小化如下式所示均方误差的数学期望得到：

$$[\boldsymbol{A}, \boldsymbol{b}] = \arg\min(E[\boldsymbol{\varepsilon}^{\mathrm{T}}\boldsymbol{W}\boldsymbol{\varepsilon}]) \tag{3.50}$$

在实际计算过程中，上述均方误差的数学期望需要近似为有限个样本的线性组合，即

$$E[\boldsymbol{\varepsilon}^{\mathrm{T}}\boldsymbol{W}\boldsymbol{\varepsilon}] \approx \sum_{i=1}^{M} w_i \boldsymbol{\varepsilon}_i^{\mathrm{T}} \boldsymbol{\varepsilon}_i \tag{3.51}$$

其中，$\varepsilon_i$ 表示第 $i$ 个 Sigma 点对应的线性误差。

在 Sigma 点的个数、对应权值以及位置分布的选取时，应以捕获随机变量最重要的统计特性为基本原则，需满足如下条件：

$$g\Big[\{\boldsymbol{\zeta}, \boldsymbol{w}\}, M, p(\boldsymbol{\zeta})\Big] = 0 \tag{3.52}$$

其中，$\{\boldsymbol{\zeta}, \boldsymbol{w}\}$ 表示 Sigma 点及其权值集合；$M$ 为 Sigma 点个数；$g[\cdot]$ 决定了采样时随机状态被捕获的信息，捕获匹配的阶数越高，则统计的近似精度越高。在满足上式的前提下，Sigma 点的选取有一些自由度，可根据统计参数选取代价函数并对其优化求解得到 Sigma 点的位置分布和权值。

## 3.6 典型的 Sigma 点滤波算法

Sigma 点滤波利用加权统计线性回归的思想，在标准卡尔曼滤波的框架上采取一组确定性采样点来近似状态的概率密度函数，适用于处理非线性高斯系统的状态估计问题。典型的 Sigma 点滤波器算法包括无迹卡尔曼滤波器（UKF）、中心差分卡尔曼滤波器（CDKF）、求积分卡尔曼滤波器（QKF）、容积卡尔曼滤波器（CKF）以及在这些滤波算法基础上衍生发展而来的相关算法。不同的 Sigma 点滤波器算法进行概率拟合的采样方法不同，由此导致算法的滤波精度、运算效率、鲁棒性、收敛性等滤波性能会有所差别。

### 3.6.1 无迹卡尔曼滤波器

将 UT 变换与标准卡尔曼滤波框架进行结合即可形成无迹卡尔曼滤波器，其算法流程可归纳如下。

1. 运动预测

（1）构造 Sigma 点：

$$\boldsymbol{\chi}_{i,k-1} = \begin{cases} \hat{\boldsymbol{x}}_{k-1}, & i = 0 \\ \hat{\boldsymbol{x}}_{k-1} + \left(\sqrt{(n+\lambda)\boldsymbol{P}_{k-1}}\right)_i, & i = 1,2,\cdots,n \\ \hat{\boldsymbol{x}}_{k-1} - \left(\sqrt{(n+\lambda)\boldsymbol{P}_{k-1}}\right)_{i-n}, & i = n+1, n+2,\cdots,2n \end{cases} \quad （3.53）$$

（2）将 Sigma 点代入系统运动模型：

$$\boldsymbol{\chi}_{i,k}^* = f(\boldsymbol{\chi}_{i,k-1}), i = 0,1,\cdots,2n \tag{3.54}$$

（3）计算预测均值和预测协方差：

$$\hat{\boldsymbol{x}}_{k|k-1} = \sum_{i=0}^{2n} w_i^m \boldsymbol{\chi}_{i,k}^*$$

$$\boldsymbol{P}_{k|k-1} = \sum_{i=0}^{2n} w_i^c (\boldsymbol{\chi}_{i,k}^* - \hat{\boldsymbol{x}}_{k|k-1})(\boldsymbol{\chi}_{i,k}^* - \hat{\boldsymbol{x}}_{k|k-1})^{\mathrm{T}} + \boldsymbol{Q}_{k-1} \tag{3.55}$$

2. 测量更新

（1）构造 Sigma 点：

$$\boldsymbol{\chi}_{i,k} = \begin{cases} \hat{\boldsymbol{x}}_{k|k-1}, & i = 0 \\ \hat{\boldsymbol{x}}_{k|k-1} + \left(\sqrt{(n+\lambda)\boldsymbol{P}_{k|k-1}}\right)_i, & i = 1,2,\cdots,n \\ \hat{\boldsymbol{x}}_{k|k-1} - \left(\sqrt{(n+\lambda)\boldsymbol{P}_{k|k-1}}\right)_{i-n}, & i = n+1, n+2,\cdots,2n \end{cases} \quad （3.56）$$

（2）将 Sigma 点代入系统观测模型：

$$\boldsymbol{\mathcal{Z}}_{i,k} = h(\boldsymbol{\chi}_{i,k}), i = 0,1,\cdots,2n \tag{3.57}$$

（3）计算预测测量均值、预算测量协方差、交叉协方差：

$$\hat{\boldsymbol{z}}_k = \sum_{i=0}^{2n} w_i^m \boldsymbol{\mathcal{Z}}_{i,k}$$

$$\boldsymbol{P}_{zz} = \sum_{i=0}^{2n} w_i^c (\boldsymbol{\mathcal{Z}}_{i,k} - \hat{\boldsymbol{z}}_k)(\boldsymbol{\mathcal{Z}}_{i,k} - \hat{\boldsymbol{z}}_k)^{\mathrm{T}} + \boldsymbol{R}_k \qquad （3.58）$$

$$\boldsymbol{P}_{xz} = \sum_{i=0}^{2n} w_i^c (\boldsymbol{\chi}_{i,k} - \hat{\boldsymbol{x}}_{k|k-1})(\boldsymbol{\mathcal{Z}}_{i,k} - \hat{\boldsymbol{z}}_k)^{\mathrm{T}}$$

（4）根据当前时刻测量值，计算卡尔曼增益、状态后验均值和协方差：

$$\boldsymbol{K}_k = \boldsymbol{P}_{xz} \boldsymbol{P}_{zz}^{-1}$$
$$\hat{\boldsymbol{x}}_{k|k} = \hat{\boldsymbol{x}}_{k|k-1} + \boldsymbol{K}_k (\boldsymbol{z}_k - \hat{\boldsymbol{z}}_k) \qquad （3.59）$$
$$\boldsymbol{P}_{k|k} = \boldsymbol{P}_{k|k-1} - \boldsymbol{K}_k \boldsymbol{P}_{zz} \boldsymbol{K}_k^{\mathrm{T}}$$

### 3.6.2 中心差分卡尔曼滤波器

将 Stirling 多项式插值公式与标准卡尔曼滤波框架进行结合，即可形成中心差分卡尔曼滤波器，其算法流程可归纳如下。

1. 运动预测

（1）构造 Sigma 点：

$$\boldsymbol{\chi}_{i,k-1} = \begin{cases} \hat{\boldsymbol{x}}_{k-1}, & i = 0 \\ \hat{\boldsymbol{x}}_{k-1} + \left(h\sqrt{\boldsymbol{P}_{k|k-1}}\right)_i, & i = 1, 2, \cdots, n \\ \hat{\boldsymbol{x}}_{k-1} - \left(h\sqrt{\boldsymbol{P}_{k|k-1}}\right)_{i-n}, & i = n+1, n+2, \cdots, 2n \end{cases} \qquad （3.60）$$

（2）将 Sigma 点代入系统运动模型：

$$\boldsymbol{\chi}_{i,k}^* = f(\boldsymbol{\chi}_{i,k-1}), i = 0, 1, \cdots, 2n \qquad （3.61）$$

（3）计算预测均值和预测协方差：

$$\hat{\boldsymbol{x}}_{k|k-1} = \sum_{i=0}^{2n} w_i^m \boldsymbol{\chi}_{i,k}^*$$

$$\boldsymbol{P}_{k|k-1} = \sum_{i=1}^{n} w_i^{c_1} (\boldsymbol{\chi}_{i,k}^* - \boldsymbol{\chi}_{i+n,k}^*)(\boldsymbol{\chi}_{i,k}^* - \boldsymbol{\chi}_{i+n,k}^*)^{\mathrm{T}} + \boldsymbol{Q}_{k-1} \qquad （3.62）$$

$$+ \sum_{i=1}^{n} w_i^{c_2} (\boldsymbol{\chi}_{i,k}^* + \boldsymbol{\chi}_{i+n,k}^* - 2\boldsymbol{\chi}_{0,k}^*)(\boldsymbol{\chi}_{i,k}^* + \boldsymbol{\chi}_{i+n,k}^* - 2\boldsymbol{\chi}_{0,k}^*)^{\mathrm{T}}$$

其中，各 Sigma 点权值定义为

$$\begin{cases} w_i^m = (h^2 - n)/h^2, & i = 0 \\ w_i^m = 1/2h^2, & i = 1, 2, \cdots, 2n \\ w_i^{c_1} = 1/4h^2, & i = 1, 2, \cdots, 2n \\ w_i^{c_2} = (h^2 - 1)/4h^2, & i = 1, 2, \cdots, 2n \end{cases} \tag{3.63}$$

2. 测量更新

（1）构造 Sigma 点：

$$\boldsymbol{\chi}_{i,k} = \begin{cases} \hat{\boldsymbol{x}}_{k|k-1}, & i = 0 \\ \hat{\boldsymbol{x}}_{k|k-1} + \left(h\sqrt{\boldsymbol{P}_{k|k-1}}\right)_i, & i = 1, 2, \cdots, n \\ \hat{\boldsymbol{x}}_{k|k-1} - \left(h\sqrt{\boldsymbol{P}_{k|k-1}}\right)_{i-n}, & i = n+1, n+2, \cdots, 2n \end{cases} \tag{3.64}$$

（2）将 Sigma 点代入系统观测模型：

$$\boldsymbol{\mathcal{Z}}_{i,k} = h(\boldsymbol{\chi}_{i,k}), i = 0, 1, \cdots, 2n \tag{3.65}$$

（3）计算预测测量均值、预算测量协方差、交叉协方差：

$$\begin{aligned} \hat{\boldsymbol{z}}_k &= \sum_{i=0}^{2n} w_i^m \boldsymbol{\mathcal{Z}}_{i,k} \\ \boldsymbol{P}_{xz} &= \sqrt{w_1^{c_1} \boldsymbol{P}_{k|k-1}} (\boldsymbol{\mathcal{Z}}_{1:n,k} - \boldsymbol{\mathcal{Z}}_{(n+1):2n,k})^{\mathrm{T}} \\ \boldsymbol{P}_{k|k-1} &= \sum_{i=1}^{n} w_i^{c_1} (\boldsymbol{\mathcal{Z}}_{i,k} - \boldsymbol{\mathcal{Z}}_{i+n,k})(\boldsymbol{\mathcal{Z}}_{i,k} - \boldsymbol{\mathcal{Z}}_{i+n,k})^{\mathrm{T}} + \boldsymbol{R}_k \\ &\quad + \sum_{i=1}^{n} w_i^{c_2} (\boldsymbol{\mathcal{Z}}_{i,k} + \boldsymbol{\mathcal{Z}}_{i+n,k} - 2\boldsymbol{\mathcal{Z}}_{0,k})(\boldsymbol{\mathcal{Z}}_{i,k} + \boldsymbol{\mathcal{Z}}_{i+n,k} - 2\boldsymbol{\mathcal{Z}}_{0,k})^{\mathrm{T}} \end{aligned} \tag{3.66}$$

（4）根据当前时刻测量值计算卡尔曼增益、状态后验均值和协方差，计算方法同 UKF 完全一致，具体可参考式（3.59）。

### 3.6.3　求积分卡尔曼滤波器

将 Gauss-Hermite 求积分规则与标准卡尔曼滤波框架进行结合即可形成中心差分卡尔曼滤波器，其算法流程可归纳如下。

1. 运动预测

（1）构造 Sigma 点：

$$\boldsymbol{\chi}_{k-1}^{(i_1,i_2,\cdots,i_n)} = \hat{\boldsymbol{x}}_{k|k-1} + \sqrt{\boldsymbol{P}_{k-1}}\boldsymbol{\xi}^{(i_1,i_2,\cdots,i_n)}, i_1,i_2,\cdots,i_n = 1,2,\cdots,p \tag{3.67}$$

其中，$p$ 表示 Gauss-Hermite 多项式 $H_p(\boldsymbol{x})$ 的阶数；$\boldsymbol{\xi}^{(i_1,i_2,\cdots,i_n)}$ 表示多维单位 Sigma 点，其定义为 $\boldsymbol{\xi}^{(i_1,i_2,\cdots,i_n)} = \left[\xi^{i_1},\xi^{i_2},\cdots,\xi^{i_n}\right]^{\mathrm{T}}$。

（2）将 Sigma 点代入系统运动模型：

$$\hat{\boldsymbol{\chi}}_k^{(i_1,i_2,\cdots,i_n)} = f(\boldsymbol{\chi}_{k-1}^{(i_1,i_2,\cdots,i_n)}), i_1,i_2,\cdots,i_n = 1,2,\cdots,p \tag{3.68}$$

（3）计算预测均值和预测协方差：

$$\hat{\boldsymbol{x}}_{k|k-1} = \sum_{i_1,i_2,\cdots,i_n} w_{i_1,i_2,\cdots,i_n}\hat{\boldsymbol{\chi}}_k^{(i_1,i_2,\cdots,i_n)}$$

$$\boldsymbol{P}_{k|k-1} = \sum_{i_1,i_2,\cdots,i_n} w_{i_1,i_2,\cdots,i_n}(\hat{\boldsymbol{\chi}}_k^{(i_1,i_2,\cdots,i_n)} - \hat{\boldsymbol{x}}_{k|k-1})(\hat{\boldsymbol{\chi}}_k^{(i_1,i_2,\cdots,i_n)} - \hat{\boldsymbol{x}}_{k|k-1})^{\mathrm{T}}$$

$$+ \boldsymbol{Q}_{k-1} \tag{3.69}$$

其中，多维权值的计算公式为

$$w_{i_1,i_2,\cdots,i_n} = \frac{p!}{p^2[H_{p-1}(\xi^{(i_1)})]^2} \times \cdots \times \frac{p!}{p^2[H_{p-1}(\xi^{(i_n)})]^2} \tag{3.70}$$

## 2. 测量更新

（1）构造 Sigma 点：

$$\boldsymbol{\chi}_k^{(i_1,i_2,\cdots,i_n)} = \hat{\boldsymbol{x}}_{k|k-1} + \sqrt{\boldsymbol{P}_{k|k-1}}\boldsymbol{\xi}^{(i_1,i_2,\cdots,i_n)}, i_1,i_2,\cdots,i_n = 1,2,\cdots,p \tag{3.71}$$

（2）将 Sigma 点代入系统观测模型：

$$\boldsymbol{\mathcal{Z}}_k^{i_1,i_2,\cdots,i_n} = h(\boldsymbol{\chi}_k^{i_1,i_2,\cdots,i_n}), i_1,i_2,\cdots,i_n = 1,2,\cdots,p \tag{3.72}$$

（3）计算预测测量均值、预算测量协方差、交叉协方差：

$$\hat{\boldsymbol{z}}_k = \sum_{i_1,i_2,\cdots,i_n}^{2n} w_{i_1,i_2,\cdots,i_n}\boldsymbol{\mathcal{Z}}_k^{(i_1,i_2,\cdots,i_n)}$$

$$\boldsymbol{P}_{zz} = \sum_{i_1,i_2,\cdots,i_n} w_{i_1,i_2,\cdots,i_n}(\boldsymbol{\mathcal{Z}}_k^{(i_1,i_2,\cdots,i_n)} - \hat{\boldsymbol{z}}_k)(\boldsymbol{\mathcal{Z}}_k^{(i_1,i_2,\cdots,i_n)} - \hat{\boldsymbol{z}}_k)^{\mathrm{T}} + \boldsymbol{R}_k$$

$$\boldsymbol{P}_{xz} = \sum_{i_1,i_2,\cdots,i_n} w_{i_1,i_2,\cdots,i_n}(\boldsymbol{\chi}_k^{(i_1,i_2,\cdots,i_n)} - \hat{\boldsymbol{x}}_{k|k-1})(\boldsymbol{\mathcal{Z}}_k^{(i_1,i_2,\cdots,i_n)} - \hat{\boldsymbol{z}}_k)^{\mathrm{T}}$$

$$\tag{3.73}$$

（4）根据当前时刻测量值计算卡尔曼增益、状态后验均值和协方差，计算方法同 UKF 完全一致，具体可参考式（3.59）。

### 3.6.4 容积卡尔曼滤波器

将三阶 Spherical-Radial 容积规则与标准卡尔曼滤波框架进行结合即可形成无迹卡尔曼滤波器，其算法流程可归纳如下。

1. 运动预测

（1）构造 Sigma 点：

$$\boldsymbol{\chi}_{i,k-1} = \hat{\boldsymbol{x}}_{k-1} + \sqrt{\boldsymbol{P}_{k-1}}\boldsymbol{\xi}_i, i = 1, 2, \cdots, 2n \tag{3.74}$$

其中，单位 Sigma 点的定义为式（3.44）。

（2）将 Sigma 点代入系统运动模型：

$$\boldsymbol{\chi}_{i,k}^* = f(\boldsymbol{\chi}_{i,k-1}), i = 1, 2, \cdots, 2n \tag{3.75}$$

（3）计算预测均值和预测协方差：

$$\hat{\boldsymbol{x}}_{k|k-1} = \frac{1}{2n}\sum_{i=1}^{2n}\boldsymbol{\chi}_{i,k}^*$$

$$\boldsymbol{P}_{k|k-1} = \frac{1}{2n}\sum_{i=1}^{2n}(\boldsymbol{\chi}_{i,k}^* - \hat{\boldsymbol{x}}_{k|k-1})(\boldsymbol{\chi}_{i,k}^* - \hat{\boldsymbol{x}}_{k|k-1})^{\mathrm{T}} + \boldsymbol{Q}_{k-1} \tag{3.76}$$

2. 测量更新

（1）构造 Sigma 点：

$$\boldsymbol{\chi}_{i,k} = \hat{\boldsymbol{x}}_{k|k-1} + \sqrt{\boldsymbol{P}_{k|k-1}}\boldsymbol{\xi}_i, i = 1, 2, \cdots, 2n \tag{3.77}$$

（2）将 Sigma 点代入系统观测模型：

$$\boldsymbol{\mathcal{Z}}_{i,k} = h(\boldsymbol{\chi}_{i,k}), i = 1, 2, \cdots, 2n \tag{3.78}$$

（3）计算预测测量均值、预算测量协方差、交叉协方差：

$$\hat{z}_k = \frac{1}{2n} \sum_{i=1}^{2n} \mathcal{Z}_{i,k}$$

$$P_{zz} = \frac{1}{2n} \sum_{i=1}^{2n} (\mathcal{Z}_{i,k} - \hat{z}_k)(\mathcal{Z}_{i,k} - \hat{z}_k)^{\mathrm{T}} + R_k \qquad (3.79)$$

$$P_{xz} = \frac{1}{2n} \sum_{i=1}^{2n} (\chi_{i,k} - \hat{x}_{k|k-1})(\mathcal{Z}_{i,k} - \hat{z}_k)^{\mathrm{T}}$$

（4）根据当前时刻测量值计算卡尔曼增益、状态后验均值和协方差，计算方法同 UKF 完全一致，具体可参考式（3.59）。

## 3.7 基于统计线性回归的高斯滤波 SLAM 算法

本节将基于平方根容积卡尔曼滤波器和广义极大似然估计法对传统的高斯滤波 SLAM 算法进行改进，得到基于统计线性回归的高斯滤波 SLAM 算法（HSCKF-SLAM 算法）。HSCKF-SLAM 共分为预测估计、测量更新、新特征初始化及鲁棒测量更新四个步骤，具体推导过程如下。

### 3.7.1 HSCKF-SLAM 预测估计

针对第 2 章 2.4 节中定义的移动机器人运动模型，考虑到系统的运动噪声往往是非加性高斯噪声，首先对 $k-1$ 时刻的机器人位姿状态均值 $\hat{x}_{k-1}$ 和协方差平方根因子 $S_{k-1}$ 进行向量增广操作，得到增广状态和增广协方差平方根因子：

$$\hat{x}_{k-1}^a = \begin{bmatrix} \hat{x}_{k-1} \\ 0 \end{bmatrix}, \quad S_{k-1}^a = \begin{bmatrix} S_{k-1} & 0 \\ 0 & S_{Q,k-1} \end{bmatrix} \qquad (3.80)$$

其中，$S_{k-1}$ 表示机器人位姿协方差矩阵 $P_{k-1}$ 的上三角平方根因子，即 $P_{k-1} = S_{k-1}^{\mathrm{T}} S_{k-1}$；$S_{Q,k-1}$ 是相应的运动噪声协方差矩阵 $Q_{k-1}$ 的上三角平方根因子，满足 $Q_{k-1} = S_{Q,k-1}^{\mathrm{T}} S_{Q,k-1}$。根据增广状态和增广协方差平方根因子生成容积粒子：

$$\chi_{i,k-1} = S_{k-1}^a \xi_i + \hat{x}_{k-1}^a, \quad i = 1, 2, \cdots, 2N_1 \qquad (3.81)$$

其中，$N_1 = \dim(\hat{x}_{k-1}^a)$ 表示增广状态向量的维度，$\xi_i$ 表示由空间单位基向量 $e_i$ 生成的容积点：

$$\boldsymbol{\xi}_i = \begin{cases} \sqrt{N_1}\boldsymbol{e}_i, & i = 1, 2, \ldots, N_1 \\ -\sqrt{N_1}\boldsymbol{e}_{i-N_1}, & i = d_x + 1, d_x + 2, \ldots, 2N_1 \end{cases} \tag{3.82}$$

根据机器人运动方程生成相同数量的预测容积粒子：

$$\boldsymbol{\mathcal{X}}_{i,k|k-1}^* = f(\boldsymbol{\mathcal{X}}_{i,k-1}, \boldsymbol{u}_k), \quad i = 1, 2, \cdots, 2N_1 \tag{3.83}$$

其中，$\boldsymbol{u}_k$表示控制输入；矩阵$\boldsymbol{\mathcal{X}}_{i,k-1}$可以分解为位姿状态分量和运动噪声分量，预测容积粒子的维度等于向量增广操作前的机器人位姿向量维度。由此得到$k$时刻的机器人位姿状态预测均值和协方差平方根因子：

$$\hat{\boldsymbol{x}}_{k|k-1} = \frac{1}{2N_1}\sum_{i=1}^{2N_1}\boldsymbol{\mathcal{X}}_{i,k|k-1}^* \tag{3.84}$$

$$\boldsymbol{S}_{k|k-1} = \mathrm{qr}(\boldsymbol{\chi}_{k|k-1}^*)$$

其中，$\mathrm{qr}(\cdot)$表示矩阵$\boldsymbol{QR}$分解运算。$\boldsymbol{\chi}_{k|k-1}^*$为加权的中心距矩阵，其每一列的子矩阵计算如下：

$$\left[\boldsymbol{\chi}_{i,k|k-1}^*\right]_{i=1,2,\cdots,2N_1} = \left[\frac{1}{\sqrt{2N_1}}(\boldsymbol{\mathcal{X}}_{i,k|k-1}^* - \hat{\boldsymbol{x}}_{k|k-1})\right]_{i=1,2,\cdots,2N_1} \tag{3.85}$$

### 3.7.2　HSCKF-SLAM 测量更新

根据机器人位姿状态预测均值和协方差平方根因子生成 $2N_2$ 个容积粒子：

$$\boldsymbol{\mathcal{X}}_{i,k|k-1} = \boldsymbol{S}_{k|k-1}\boldsymbol{\xi}_i + \hat{\boldsymbol{x}}_{k|k-1}, \quad i = 1, 2, \cdots, 2N_2 \tag{3.86}$$

其中，$N_2 = \dim(\hat{\boldsymbol{x}}_{k|k-1})$表示当前联合状态向量的维度。通过机器人测量方程生成相同数量的预测测量值容积粒子：

$$\boldsymbol{\mathcal{Z}}_{i,k|k-1}^* = h(\boldsymbol{\mathcal{X}}_{i,k|k-1}), \quad i = 1, 2, \cdots, 2N_2 \tag{3.87}$$

由此得到预测测量均值和协方差平方根因子为：

$$\hat{\boldsymbol{z}}_{k|k-1} = \frac{1}{2N_2}\sum_{i=1}^{2N_2}\boldsymbol{\mathcal{Z}}_{i,k|k-1}^* \tag{3.88}$$

$$\boldsymbol{S}_{zz,k|k-1} = \mathrm{qr}\left([\boldsymbol{\mathcal{Z}}_{k|k-1}, \boldsymbol{S}_{R,k}]\right)$$

其中，$\mathrm{qr}(\cdot)$表示矩阵$\boldsymbol{QR}$分解运算。$\boldsymbol{\mathcal{Z}}_{k|k-1}$为关于测量值的加权中心距矩阵，

其每一列的子矩阵计算如下：

$$\left[\boldsymbol{\mathcal{Z}}_{i,k|k-1}\right]_{i=1,2,\cdots,2N_2} = \left[\frac{1}{\sqrt{2N_2}}\left(\boldsymbol{\mathcal{Z}}_{i,k|k-1} - \hat{\boldsymbol{z}}_{k|k-1}\right)\right]_{i=1,2,\cdots,2N_2} \quad (3.89)$$

同时，交叉协方差矩阵通过下式计算：

$$\boldsymbol{P}_{xz,k|k-1} = \boldsymbol{\chi}_{k|k-1}\boldsymbol{\mathcal{Z}}_{k|k-1}^{\mathrm{T}} \quad (3.90)$$

其中，$\boldsymbol{\chi}_{k|k-1}$ 为关于联合状态的加权中心距矩阵，其每一列的子矩阵计算如下：

$$\left[\boldsymbol{\chi}_{i,k|k-1}\right]_{i=1,2,\cdots,2N_2} = \left[\frac{1}{\sqrt{2N_2}}\left(\boldsymbol{\mathcal{X}}_{i,k|k-1} - \hat{\boldsymbol{x}}_{k|k-1}\right)\right]_{i=1,2,\cdots,2N_2} \quad (3.91)$$

根据标准卡尔曼滤波算法和 $\boldsymbol{QR}$ 矩阵分解运算，可以计算出卡尔曼增益、联合状态后验均值和协方差平方根因子：

$$\begin{aligned}
\boldsymbol{K} &= \left(\boldsymbol{P}_{xz,k|k-1}/\boldsymbol{S}_{zz,k|k-1}^{\mathrm{T}}\right)/\boldsymbol{S}_{zz,k|k-1} \\
\hat{\boldsymbol{x}}_{k|k} &= \hat{\boldsymbol{x}}_{k|k-1} + \boldsymbol{K}(\boldsymbol{z}_k - \hat{\boldsymbol{z}}_{k|k-1}) \\
\boldsymbol{S}_{k|k} &= \mathrm{qr}\left([\boldsymbol{\chi}_{k|k-1} - \boldsymbol{K}\boldsymbol{\mathcal{Z}}_{k|k-1}, \boldsymbol{K}\boldsymbol{S}_{R,k}]\right)
\end{aligned} \quad (3.92)$$

### 3.7.3　HSCKF-SLAM 新特征初始化

假设 $\boldsymbol{z}_{j,k}$ 为第 $j$ 个新特征对应的测量值，对 $k$ 时刻的机器人位姿状态均值和协方差平方根因子进行向量增广操作：

$$\hat{\boldsymbol{x}}_k^a = \begin{bmatrix} \hat{\boldsymbol{x}}_k \\ \boldsymbol{z}_{j,k} \end{bmatrix}, \quad \boldsymbol{S}_k^a = \begin{bmatrix} \boldsymbol{S}_k & 0 \\ 0 & \boldsymbol{S}_{R,k} \end{bmatrix} \quad (3.93)$$

其中，$\boldsymbol{S}_{R,k}$ 是相应的测量噪声协方差矩阵 $\boldsymbol{R}_k$ 的上三角平方根因子，满足 $\boldsymbol{R}_k = \boldsymbol{S}_{R,k}^{\mathrm{T}}\boldsymbol{S}_{R,k}$。根据增广状态均值和协方差平方根因子生成容积粒子：

$$\boldsymbol{\mathcal{X}}_{i,k} = \boldsymbol{S}_k^a\xi_i + \hat{\boldsymbol{x}}_k^a, \quad i = 1, 2, \cdots, 2N_3 \quad (3.94)$$

其中，$N_3 = \dim(\hat{\boldsymbol{x}}_k^a)$ 表示增广状态向量的维度。根据测量函数的逆函数得到相同数量的新特征预测容积粒子：

$$\mathrm{X}_{i,k}^* = h^{-1}(\boldsymbol{\mathcal{X}}_{i,k}), \quad i = 1, 2, \cdots, 2N_3 \quad (3.95)$$

其中，$h^{-1}(\cdot)$ 为测量函数的逆函数，用来将局部极坐标系中的测量值转换为全局欧式坐标系下的位置坐标值。新特征预测均值和协方差平方根因子计算如下：

$$\hat{\boldsymbol{x}}_k = \frac{1}{2N_3} \sum_{i=1}^{2N_3} \boldsymbol{\mathcal{X}}_{i,k}^*, \quad i = 1, 2, \cdots, 2N_3$$

$$\boldsymbol{S}_k = \mathrm{qr}(\boldsymbol{\mathcal{X}}_{i,k}^*)$$

（3.96）

其中，$\boldsymbol{\mathcal{X}}_{i,k}^*$ 为加权的中心距矩阵，其每一列的子矩阵计算如下：

$$\left[ \boldsymbol{\mathcal{X}}_{i,k}^* \right]_{i=1,2,\cdots,2N_3} = \left[ \frac{1}{\sqrt{2N_3}} (\boldsymbol{\mathcal{X}}_{i,k}^* - \hat{\boldsymbol{x}}_k) \right]_{i=1,2,\cdots,2N_3}$$

（3.97）

### 3.7.4　HSCKF-SLAM 鲁棒测量更新

为了增强 SLAM 算法对非高斯测量噪声的鲁棒性，需要将测量更新方程转换为统计线性回归的表达形式。具体的做法就是将测量方程与一个虚拟线性状态转换方程联合组成一个新的线性方程组。其中，虚拟线性状态转换方程用来表示真实状态 $\boldsymbol{x}_t$ 与其预测估计值 $\hat{\boldsymbol{x}}_{k|k-1}$ 之间的线性关系，即

$$\hat{\boldsymbol{x}}_{k|k-1} = \boldsymbol{x}_k - \boldsymbol{\delta}_{k|k-1}$$

（3.98）

其中，$\boldsymbol{\delta}_{k|k-1}$ 表示未知的误差向量。测量方程可以通过一阶泰勒级数展开近似为如下线性表达式：

$$\boldsymbol{z}_k \approx \hat{\boldsymbol{z}}_{k|k-1} + \boldsymbol{H}_k (\boldsymbol{x}_k - \hat{\boldsymbol{x}}_{k|k-1})$$

（3.99）

其中，$\hat{\boldsymbol{z}}_{k|k-1}$ 表示测量方程在预测状态值 $\hat{\boldsymbol{x}}_{k|k-1}$ 和测量噪声 $\boldsymbol{w}_k$ 处的函数值，测量矩阵可以通过预测协方差矩阵与交叉协方差矩阵得到：

$$\boldsymbol{H}_k = (\boldsymbol{P}_{k|k-1}^{-1} \boldsymbol{P}_{xz,k|k-1})^{\mathrm{T}}$$

（3.100）

结合式（3.98）和式（3.99）可以组成关于状态向量的线性回归方程组：

$$\left[ \begin{array}{c} \boldsymbol{z}_k - \hat{\boldsymbol{z}}_{k|k-1} + \boldsymbol{H}_k \hat{\boldsymbol{x}}_{k|k-1} \\ \hat{\boldsymbol{x}}_{k|k-1} \end{array} \right] = \left[ \begin{array}{c} \boldsymbol{H}_k \\ \boldsymbol{I} \end{array} \right] \boldsymbol{x}_k + \left[ \begin{array}{c} \boldsymbol{w}_k \\ \boldsymbol{\delta}_{k|k-1} \end{array} \right]$$

（3.101）

根据定义可知，方程组（3.101）满足线性高斯特性，误差项对应的协方差矩阵可以表示为：

$$E(\boldsymbol{\varepsilon}\boldsymbol{\varepsilon}^{\mathrm{T}}) = \begin{bmatrix} \boldsymbol{R}_k & \boldsymbol{0} \\ \boldsymbol{0} & \boldsymbol{P}_{k|k-1} \end{bmatrix} = \boldsymbol{S}_k\boldsymbol{S}_k^{\mathrm{T}} \tag{3.102}$$

其中，$\boldsymbol{R}_k$ 和 $\boldsymbol{P}_{k|k-1}$ 分别表示测量噪声协方差和状态预测协方差，$\boldsymbol{S}_k$ 为误差项对应的协方差平方根因子。

将式（3.101）左右两边的项同时左乘误差协方差平方根因子的逆矩阵 $\boldsymbol{S}_k^{-1}$，得到紧凑的线性方程形式：

$$\boldsymbol{y}_k = \boldsymbol{M}_k\boldsymbol{x}_k + \boldsymbol{\xi}_k \tag{3.103}$$

其中，将各系数项定义为：

$$\boldsymbol{y}_k = \boldsymbol{S}_k^{-1} \begin{bmatrix} \boldsymbol{z}_k - \hat{\boldsymbol{z}}_{k|k-1} + \boldsymbol{H}_k\hat{\boldsymbol{x}}_{k|k-1} \\ \hat{\boldsymbol{x}}_{k|k-1} \end{bmatrix}$$

$$\boldsymbol{M}_k = \boldsymbol{S}_k^{-1} \begin{bmatrix} \boldsymbol{H}_k \\ \boldsymbol{I} \end{bmatrix} \tag{3.104}$$

$$\boldsymbol{\xi}_k = \boldsymbol{S}_k^{-1} \begin{bmatrix} \boldsymbol{w}_k \\ \boldsymbol{\delta}_{k|k-1} \end{bmatrix}$$

利用 Huber M 估计算法求解式（3.103），即最小化目标函数 $J(\boldsymbol{x}_k)$：

$$\boldsymbol{x}_k = \arg\min_{\boldsymbol{x}_k} J(\boldsymbol{x}_k) = \arg\min \sum_{i=1}^{N_2+m} \rho(r_i) \tag{3.105}$$

其中，$m$ 为单个路标特征测量值的维度，$r_i$ 表示测量残差向量的第 $i$ 维分量，即 $r_i = (\boldsymbol{M}_k\boldsymbol{x}_k - \boldsymbol{y}_k)_i$。代价函数 $\rho(r_i)$ 可选为 Huber 函数，其表达式为：

$$\rho(r_i) = \begin{cases} \frac{1}{2}r_i^2, & |r_i| \leqslant \gamma \\ \gamma|r_i| - \frac{1}{2}\gamma^2, & |r_i| > \gamma \end{cases} \tag{3.106}$$

当参数 $\gamma$ 为 1.345 时，基于 Huber 函数的 M 估计算法可以得到标准高斯分布条件下基于 $L_2$ 范数估计的 95% 渐进效率。通过对代价函数 $\rho(r_i)$ 求导可以计算出函数的极值：

$$\sum_{i=1}^{N_2+m} \boldsymbol{\psi}(r_i)\frac{\partial r_i}{\partial x_k} = 0 \tag{3.107}$$

其中，$\psi(\cdot)$ 为影响函数。定义对角矩阵 $\boldsymbol{W} = \mathrm{diag}[w(r_i)]$，其主对角线上元素 $w(r_i) = \psi(r_i)/r_i$，其取值根据下式确定：

$$w(r_i) = \begin{cases} 1, & |r_i| \leqslant \gamma \\ \gamma \mathrm{sgn}(r_i)/r_i, & |r_i| > \gamma \end{cases} \tag{3.108}$$

将对角矩阵 $\boldsymbol{W}$ 代入方程后，式（3.105）可以进一步写成矩阵形式：

$$\boldsymbol{M}_k^{\mathrm{T}} \boldsymbol{W} \left( \boldsymbol{M}_k \boldsymbol{x}_k - \boldsymbol{y}_k \right) = 0 \tag{3.109}$$

采用迭代重加权最小平方方法对上式进行求解，得到迭代形式的状态估计值：

$$\hat{\boldsymbol{x}}_{k|k}^{(j+1)} = \left( \boldsymbol{M}_k^{\mathrm{T}} \boldsymbol{W}^{(j)} \boldsymbol{M}_k \right)^{-1} \boldsymbol{M}_k^{\mathrm{T}} \boldsymbol{W}^{(j)} \boldsymbol{y}_k \tag{3.110}$$

其中，上标 $(j)$ 表示迭代序号。迭代的初始值可以利用最小平方方法得到：

$$\hat{\boldsymbol{x}}_{k|k}^{(0)} = (\boldsymbol{M}_k^{\mathrm{T}} \boldsymbol{M}_k)^{-1} \boldsymbol{M}_k^{\mathrm{T}} \boldsymbol{y}_k \tag{3.111}$$

式（3.110）收敛时对应的状态估计值即为机器人联合状态的后验均值。最后，求得机器人联合状态的后验协方差矩阵及其平方根因子：

$$\begin{aligned} \boldsymbol{P}_{k|k} &= (\boldsymbol{M}_k^{\mathrm{T}} \boldsymbol{W} \boldsymbol{M}_k)^{-1} \\ \boldsymbol{S}_{k|k} &= \mathrm{chol}(\boldsymbol{P}_{k|k}) \end{aligned} \tag{3.112}$$

其中，$\mathrm{chol}(\cdot)$ 表示 Cholesky 矩阵分解运算。

综上所述，本章提出的 HSCKF-SLAM 算法可以归纳如下：

---

**算法 3.1：HSCKF-SLAM 算法**

---

**输入：** 初始机器人位姿状态均值 $\hat{\boldsymbol{x}}_{0|0}$ 和协方差 $\boldsymbol{S}_{0|0}$

**for** $k = 1, 2, \ldots, T$ **do**

    根据式（3.80）~式（3.85）预测联合状态均值和协方差平方根因子；

    **for** 已知特征相关的测量值 **do**

        根据式（3.86）~式（3.90）计算交叉协方差矩阵；

        根据式（3.98）~式（3.112）计算联合状态均值和协方差平方根因子后验估计；

    **end**

    **for** 新特征相关的测量值 **do**

        根据式（3.80）~式（3.84）对新特征进行初始化操作；

    **end**

**end**

---

## 3.8　数值仿真实验与结果分析

### 3.8.1　SLAM 算法仿真环境介绍

本章实验部分使用开源的 SLAM 仿真工具[45]对 HSCKF-SLAM 算法性能进行验证。为了对比分析本章所提算法的优势，同时在 Matlab 平台下实现包括本章所提算法在内的三种算法：基于无迹卡尔曼滤波器的 UKF-SLAM、基于平方根容积卡尔曼滤波器的 SCKF-SLAM 以及 HSCKF-SLAM。所有算法均运行在 Matlab R2012a 环境下，用于仿真的计算机硬件配置：处理器为 2.9GHz Intel（R）　Core i7-3520M CPU，内存为 4.0 GB DDR3 RAM。

如图 3.4（a）所示，仿真使用的环境大小为100m × 100m，共包含了 41 个路标特征。其中，实线表示机器人的预设轨迹，星号表示路标特征的空间位置。在实验中，机器人从原点出发沿着预定轨迹前进并对进入传感器量程范围的路标进行观测。

该仿真平台采用基于线速度的机器人二维运动模型（见图 3.5），其运动方程如下所示：

$$\boldsymbol{x}_{r,k} = \begin{bmatrix} x_{r,k} \\ y_{r,k} \\ \phi_{r,k} \end{bmatrix} = \begin{bmatrix} x_{r,k-1} + \Delta T V_k \cos(\phi_{r,k-1} + \Omega_k) \\ y_{r,k-1} + \Delta T V_k \sin(\phi_{r,k-1} + \Omega_k) \\ \phi_{r,k-1} + \Delta T V_k \sin(\Omega_k)/L \end{bmatrix}$$

其中，机器人的位姿状态$\boldsymbol{x}_{r,k}$由空间坐标$(x_{r,k}, y_{r,k})$和航向角$\phi_{r,k}$组成；控制输入为$\boldsymbol{u}_k = [V_k, \Omega_k]$，$V_k$表示机器人前轮中心处的线速度，$\Omega_k$表示驱动轮的转向角；$\Delta T$表示控制输入的采样周期，$L$表示前后车轮的轴间距。运动噪声$\boldsymbol{v}_k$为零均值高斯白噪声，直接作用于控制输入变量$\boldsymbol{u}_k$上：

$$\boldsymbol{u}_k = \boldsymbol{u}_{k-1} + \boldsymbol{v}_k, \quad \boldsymbol{v}_k \sim \mathcal{N}(0, \boldsymbol{Q}_k)$$

机器人所携带传感器的测量方程如下：

$$\boldsymbol{z}_k = \begin{bmatrix} r_k \\ \theta_k \end{bmatrix} = \begin{bmatrix} \sqrt{(x_{i,k} - x_{r,k})^2 + (y_{i,k} - y_{r,k})^2} \\ \arctan(\frac{y_{i,k} - y_{r,k}}{x_{i,k} - x_{r,k}}) - \phi_{r,k} \end{bmatrix} + \boldsymbol{w}_k$$

其中，$r_k$表示机器人与第$i$个被探测到的路标特征之间的欧氏距离，$\theta_k$表示机器人与该路标特征之间的角度。测量噪声$\boldsymbol{w}_k$表示为由两个不同高斯分量混合

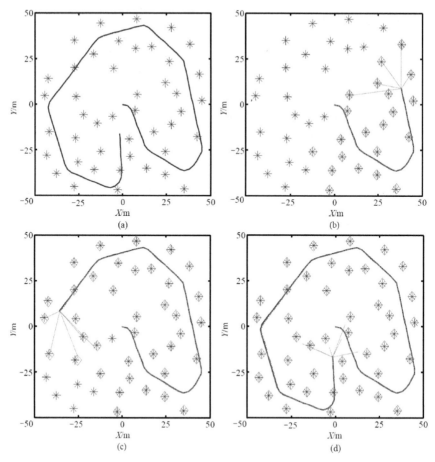

图 3.4　数值仿真环境及 HSCKF-SLAM 算法估计结果

（a）实际轨迹和路标位置；（b）～（d）第 36s、第 72s 和 108s 估计结果

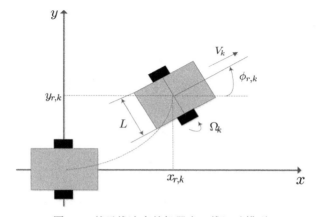

图 3.5　基于线速度的机器人二维运动模型

而成的形式：

$$\boldsymbol{w}_k \sim (1-\alpha)\mathcal{N}(\boldsymbol{w}_k; 0, \sigma_1^2) + \alpha\mathcal{N}(\boldsymbol{w}_k; 0, \sigma_2^2), \quad 0 \leqslant \alpha \leqslant 1, \sigma_2 = \beta\sigma_1$$

其中，$\alpha$ 为噪声混合百分比；$\sigma_1$ 和 $\sigma_1$ 表示混合高斯分量的标准差；$\beta$ 为 $\sigma_1$ 与 $\sigma_2$ 之间的幅值倍数，用于表示混合高斯分布偏离纯高斯分布的程度。

为了更加真实地反映不同算法的估计性能，对每种算法分别进行 50 次蒙特卡罗试验。在每次蒙特卡罗试验中，相关的仿真参数取值详见表 3.2。此外，为了避免错误的数据关联对衡量 SLAM 算法的估计性能造成干扰，假设测量值与特征地图之间的数据关联结果均是完全正确已知的。

表 3.2 蒙特卡罗试验仿真参数取值

| 参数名 | 参数取值 | 参数定义描述 |
|---|---|---|
| $L$ | 4 m | 前后轮间距 |
| $V_k$ | 3 m/s | 车轮线速度 |
| $G_{\max}$ | $\pm 30°$ | 前轮最大转向角度 |
| $\delta_V$ | 0.2 m/s | 线速度噪声标准差 |
| $\delta_G$ | $2°$ | 转向角噪声标准差 |
| $r_{\max}$ | 30 m | 激光测距仪最大观测距离 |
| $\Delta T$ | 0.025 s | 里程计控制信号采样间隔 |
| $F_z$ | 5 Hz | 激光测距仪特征观测频率 |
| FOV | $0{\sim}180°$ | 激光测距仪观测 FOV 角度范围 |

### 3.8.2 SLAM 算法估计性能度量指标

为了定量地比较不同 SLAM 算法的估计性能，分别从估计准确度和估计一致性两个方面对算法进行考查。其中，对算法的估计准确度采用均方根误差（root mean square error，RMSE）进行评估，将 $k$ 时刻状态估计的均方根误差定义为：

$$\text{RMSE}(k) = \sqrt{\frac{1}{M}\sum_{m=1}^{M}\left\| \hat{\boldsymbol{x}}_{k|k}^{[m]} - \boldsymbol{x}_k \right\|^2}, \quad k = 1, 2, \cdots, K$$

其中，$M$ 为蒙特卡罗试验次数，$K$ 为每一次蒙特卡罗试验中的总时间步数，$\|\cdot\|^2$

用于计算在第 $m$ 次蒙特卡罗试验中第 $k$ 个时刻对应的状态估计值和真实值之间的欧氏距离平方值。对于不同的 SLAM 算法，可以分别计算机器人空间位置、机器人航向角以及每一个特征空间位置对应的均方根误差。

在非线性状态估计领域中，滤波器的估计一致性通常用归一化估计方差（normalized estimation error squared，NEES）表示[46]。$k$ 时刻机器人位姿状态的 NEES 值 $\varepsilon_{r,k}$ 计算如下：

$$\varepsilon_{r,k} = (\boldsymbol{x}_{r,k} - \hat{\boldsymbol{x}}_{r,k|k})^{\mathrm{T}} \boldsymbol{P}_{r,k|k}^{-1} (\boldsymbol{x}_{r,k} - \hat{\boldsymbol{x}}_{r,k|k})$$

其中，$\hat{\boldsymbol{x}}_{r,k|k}$ 和 $\boldsymbol{P}_{r,k|k}$ 分别表示 $k$ 时刻机器人位姿状态的估计均值和协方差矩阵，$\boldsymbol{x}_{r,k}$ 表示 $k$ 时刻机器人位姿状态的真实值。对于总次数为 $M$ 次的蒙特卡罗试验，$k$ 时刻对应的平均机器人位姿状态 NEES 值为：

$$\overline{\varepsilon}_{r,k} = \frac{1}{M} \sum_{m=1}^{M} \varepsilon_{r,k}^{[m]}, \quad k = 1, 2, \cdots, K$$

其中，上标 $[m]$ 表示第 $m$ 次蒙特卡罗试验。若对所有时刻的 $\overline{\varepsilon}_{r,k}$ 再次求平均值即可得到最终的机器人位姿状态的平均 NEES 值。

在假设机器人位姿服从高斯分布的条件下，根据卡方分布的定义可知 $\varepsilon_{r,k}$ 服从自由度等于机器人位姿维度为 3 的卡方分布，$M$ 次蒙特卡罗试验对应的 NEES 值服从自由度为 $M \times d$ 的卡方分布。查阅卡方分布表格可知，当 $M$ 为 50 时，95% 置信度对应的双边区域为 [2.36, 3.72]。当 50 次蒙特卡罗试验的平均 NEES 值位于该区域内时，认为对机器人位姿状态的估计与机器人的实际位姿状态是一致的。因此，通过统计 $\varepsilon_{r,k}$ 落在该区域内的总次数，可以定量地分析 SLAM 算法的估计一致性性能。

### 3.8.3 仿真实验结果分析

本章所提 SLAM 算法的性能在三种不同的测量噪声模型下进行了测试，包括高斯测量噪声模型和非高斯测量噪声模型，其中非高斯测量噪声模型又包括高斯混合测量噪声模型和随机偏置测量噪声模型。

## 1. 高斯测量噪声模型实验结果

将测量噪声模型中的噪声混合百分比 $\alpha$ 设置为 0，测量噪声即服从典型的高斯分布。在该测量噪声模型下，测量传感器的距离和角度误差分别取值 $\delta_r$ 为 0.2 m 和 $\delta_\vartheta$ 为 2°。图 3.6（a）和图 3.6（b）分别展示了不同算法在高斯测量噪声模型下机器人空间位置估计和航向角估计的均方根误差对比。

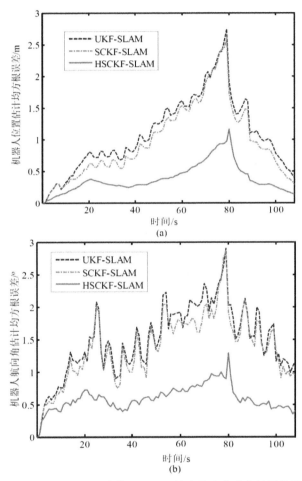

图 3.6　高斯测量噪声模型下不同算法估计准确度结果比较
（a）机器人位置估计误差　（b）机器人航向角估计误差

从图中可以看出，与 UKF-SLAM 算法相比，SCKF-SLAM 算法和 HSCKF-SLAM 算法对机器人位姿的估计误差均有所减少，这是由于采用 Sigma 点对非线性系统进行线性近似时，基于平方根容积规则的方法比无迹转换方法有更佳的近似精度和数值稳定性。此外，HSCKF-SLAM 相比于 SCKF-SLAM 取得了更大的估计误差。这是因为在高斯分布的测量噪声下，传统 SCKF 的测量更新过程可以看成是基于最小均方误差原则而得到的线性最优估计，而基于Huber 鲁棒估计的测量更新在归一化残差值超过阈值时没有对误差的 $L_2$ 范式进行最小化。

不同算法在高斯测量噪声模型下的估计一致性对比如图 3.7 所示，其中两条水平黑色虚线表示 95% 置信度对应的双边上下门限值，当算法的平均 NEES 值位于此上下门限包围的区域时可认为机器人的位姿估计状态与真实状态是一致的。从图中可以统计得到，在总共 108 个时间步骤中，UKF-SLAM 算法、SCKF-SLAM 算法和 HSCKF-SLAM 算法对应的一致估计时间步骤个数分别为84、100 和 84，即所有算法均取得了较好的估计一致性。

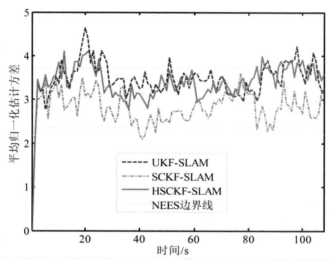

图 3.7　高斯测量噪声模型下不同算法估计一致性结果比较

## 2. 高斯混合测量噪声模型实验结果

在本测试场景中，测量噪声由主、次两个零均值高斯分量组成。其中，主高斯分量的标准差取值与第一个测量环境中的相同，即主高斯分量的标准差为$\delta_r$ 为 0.2 m 和 $\delta_\vartheta$ 为 2°。高斯混合比例参数 $\alpha$ 为 0.3，标准差幅值倍数参数 $\beta$ 为10，即次高斯分量的标准差为 $\delta_r$ 为 0.02 m 和 $\delta_\vartheta$ 为 0.2°，运行 HSCKF-SLAM得到如图 3.4 所示的不同时刻的估计效果。在图 3.4（b）~图 3.4（d）中，虚线和菱形分别表示机器人的估计轨迹和路标特征的估计位置,可以看出在$k$为 36、72 和 108 三个不同时刻,本章所提算法均能够精确地对机器人位姿和路标特征位置进行估计。图 3.8 展示了不同测量残差下的平均卡尔曼增益权值,从中可以看出当距离测量残差或者角度测量残差位于曲线峰值时,对应的平均增益权值达到局部最小值,并且越大的测量残差对应于越小的增益权值,从而可以保证测量异常点在测量更新过程中得到很大限度的抑制。

为了进一步分析 HSCKF-SLAM 算法在不同高斯混合噪声模型下的估计性能,实验中选取了不同的参数$\alpha$和$\beta$的组合来构造不同的测量噪声条件。不同算法在这些测量噪声模型下的机器人空间位置及航向角的估计误差对比如柱状图 3.9 和图 3.10 所示。其中,图 3.9 展示了在标准差幅值倍数参数$\beta$固定为 5,混合比例参数$\alpha$分别取值为 0.1、0.2、0.3 和 0.4 时的估计误差对比;图 3.10 展示了$\alpha$固定为 0.4,$\beta$分别取值为 5、10 和 15 时的估计误差对比。可以看出,在所有$\alpha$和$\beta$的组合下,HSCKF-SLAM 算法的估计准确度均优于其他算法,并且随着参数值的增加这种优势更加明显。这些结果表明,基于 Huber 鲁棒估计的测量更新在混合高斯测量噪声的重尾分布越严重时越能体现其抑制异常值干扰的作用。此外,SCKF-SLAM 算法取得了比 UKF-SLAM 算法更小的估计误差,在某些测量噪声较大的条件下 UKF-SLAM 算法由于协方差矩阵出现奇异值而无法正常运行。

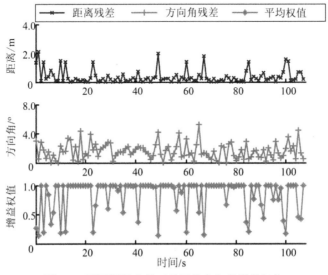

图 3.8    不同测量残差下的平均卡尔曼增益权值

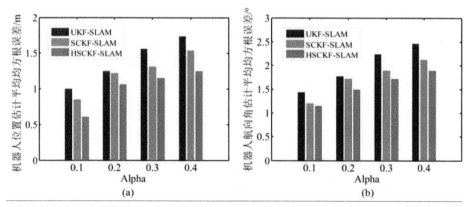

图 3.9　不同高斯混合参数 α 条件下算法平均均方根误差比较
（a）机器人位置估计误差　（b）机器人航向角估计误差

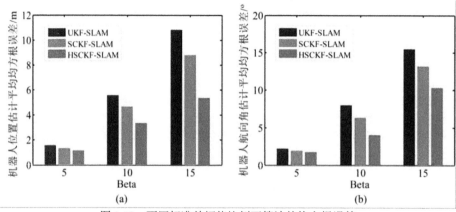

图 3.10　不同标准差幅值比例下算法的均方根误差
（a）机器人位置估计误差　（b）机器人航向角估计误差

**3. 随机偏置噪声模型实验结果**

在本测试场景中，测量噪声模型构造如下：首先采用与第一个测试实验中同样的高斯测量噪声模型，在其基础上添加 21 个周期性出现的随机偏置值。图 3.11 展示了不同算法在该噪声模型下机器人空间位置和航向角的估计均方根误差对比。由图可以看出，与高斯测量噪声场景下的估计结果相比，UKF-SLAM 算法和 SCKF-SLAM 算法的估计误差均出现大幅度增加，机器人空间位置和航向角均方根误差在峰值处分别超过了 2.7m 和 2.8°。而 HSCKF-SLAM 算法依然保持与高斯测量噪声条件下相似的估计准确度，机器人空间位置和航向角均方根误差分别小于 1m 和 1.2°。这些实验结果表明，HSCKF-SLAM 算法能够成功识别出所有的异常测量值，并且对它们进行了有效抑制。

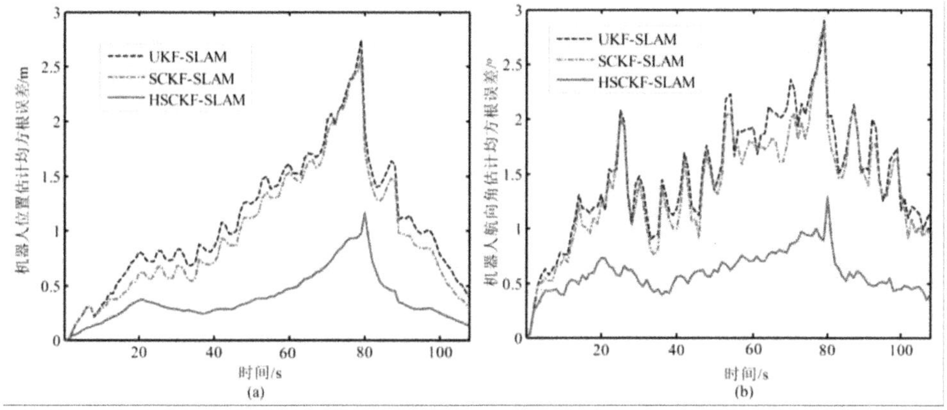

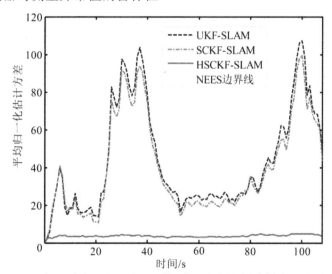

图 3.11 随机偏置噪声模型下不同算法估计准确度结果比较

（a）机器人位置估计误差 （b）机器人航向角估计误差

图 3.12 展示了随机偏置测量噪声场景下，不同算法对机器人位姿估计的一致性对比。由图可以看出，与高斯测量噪声场景下的估计结果相比，UKF-SLAM 算法和 SCKF-SLAM 算法的估计一致性出现了非常大的偏差，而 HSCKF-SLAM 算法在大部分时间步长上仍然能够得到正常的平均 NEES 值。由此可知，将 Huber 鲁棒估计的测量更新过程结合到传统卡尔曼滤波器中，可以提高滤波器对测量异常值的鲁棒性。

图 3.12 随机偏置噪声模型下不同算法估计一致性结果比较

### 4. 算法运行时间分析

表 3.3 列出了不同算法平均单次蒙特卡罗试验的运行时间，其中 UKF-SLAM 算法与 SCKF-SLAM 算法的运行时间比较接近。但是，SCKF-SLAM 算法由于在每次机器人位姿状态预测、新路标初始化、测量更新阶段中均采用了矩阵 $QR$ 分解运算，从而相对于 UKF-SLAM 算法增加了一定的计算量。此外，本章所提的算法则相对需要更多的运行时间，主要原因在于每次测量更新阶段需要额外的计算量用来对测量异常值进行识别及抑制。

表 3.3 算法运行时间比较

| 序号 | SLAM 算法名称 | 平均单次运行时间/s |
|:---:|:---:|:---:|
| 1 | UKF-SLAM | 5.3 |
| 2 | SCKF-SLAM | 5.7 |
| 3 | HSCKF-SLAM | 7.1 |

# 参考文献

[1] Thrun S, Burgard W, Fox D. Probabilistic Robotics[M]. Cambridge, MA, United States: MIT Press, 2005.

[2] Civera J, Grasa O G, Davison A J, et al. 1-Point RANSAC for extended Kalman filtering: application to real-time structure from motion and visual odometry[J]. Journal of Field Robotics, 2010, 27(5): 609-631.

[3] Dissanayake M, Newman P, Clark S, et al. A solution to the simultaneous localization and map building (SLAM) problem[J]. IEEE Transactions on Robotics and Automation, 2001, 17(3): 229-241.

[4] Arasaratnam I, Haykin S. Cubature Kalman filters[J]. IEEE Transactions on Automatic Control, 2009, 54(6): 1254-1269.

[5] Xu W, Jiang R, Xie L, et al. Robust SLAM using square-root cubature Kalman filter and Huber' s GM-estimator[J]. High Technology Letters, 2016(1): 38-46.

[6] Montemerlo M, Thrun S, Koller D, et al. FastSLAM: A Factored Solution to the Simultaneous Localization and Mapping Problem[C]. Edmonton, Alta., Canada:

National Conference on Artificial Intelligence, 2002: 593-598.

[7] Montemerlo M, Thrun S, Roller D, et al. FastSLAM 2.0: An Improved Particle Filtering Algorithm for Simultaneous Localization and Mapping That Provably Converges[C]. Acapulco, Mexico: International Joint Conferences on Artificial Intelligence, 2003: 1151-1156.

[8] Olson E, Agarwal P. Inference on networks of mixtures for robust robot mapping[J]. International Journal of Robotics Research, 2013, 32(7SI): 826-840.

[9] Durrant-Whyte H, Majumder S, Thrun S, et al. A Bayesian Algorithm for Simultaneous Localisation and Map Building[C]. Berlin, Germany: Robotics Research: The Tenth International Symposium, 2003: 49-60.

[10] Blackman S S. Multiple hypothesis tracking for multiple target tracking[J]. IEEE Aerospace and Electronic Systems Magazine, 2004, 19(1 II): 5-18.

[11] Chandra K P B, Gu D, Postlethwaite I. A cubature $H\infty$ filter and its square-root version[J]. International Journal of Control, 2014, 87(4): 764-776.

[12] Ahmad H, Namerikawa T. Feasibility Study of Partial Observability in $H\infty$ Filtering for Robot Localization and Mapping Problem[C]. Baltimore, MD, United States: American Control Conference, 2010: 3980-3985.

[13] Huber, P J. The 1972 wald lecture robust statistics: a review[J]. The Annals of Mathematical Statistics, 1972, 43(4): 1041-1067.

[14] Li W, Liu M, Duan D. Improved robust Huber-based divided difference filtering[J]. Proceedings of the Institution of Mechanical Engineers, Part G: Journal of Aerospace Engineering, 2013, 228(11): 2123-2129.

[15] Wang X, Cui N, Guo J. Huber-based unscented filtering and its application to vision-based relative navigation[J]. IET Radar, Sonar & Navigation, 2010, 4(1): 134-141.

[16] 熊星. SIGMA点非线性滤波器及应用研究[D]. 南京: 南京邮电大学, 2018.

[17] Blagodatskaya E, Kuzyakov Y. Active microorganisms in soil: critical review of estimation criteria and approaches[J]. Soil Biology & Biochemistry, 2013, 67(67): 192-211.

[18] Stigler S M. Simon Newcomb, Percy Daniell, and the history of robust estimation, 1385-1920[J]. Journal of the American Statistical Association, 1973, 68(344): 872-879.

[19] Stigler, S M. Laplace's 1774 memoir on inverse probability[J]. Statistical Science, 1986, 1(3): 359-363.

[20] Huber P J. Robust estimation of a location parameter[J]. Breakthroughs in Statistics: Methodology and Distribution, 1992: 492-518.

[21] Huber P J. Robust regression: asymptotics, conjectures and Monte Carlo[J]. The Annals of Statistics, 1973, 799-821.

[22] Huber P J. Minimax aspects of bounded-influence regression[J]. Journal of the American Statistical Association, 1983, 78(381): 66-72.

[23] Boncelet C G, Dickinson B W. An Approach to Robust Kalman Filtering[C]. San Antonio, TX, United States: IEEE Conference on Decision and Control, 1983: 304-305.

[24] El-Hawary F, Jing Y. Robust regression-based EKF for tracking underwater targets[J]. IEEE Journal of Oceanic Engineering, 1995, 20(1): 31-41.

[25] Durgaprasad G, Thakur S S. Robust dynamic state estimation of power systems based on M-estimation and realistic modeling of system dynamics[J]. IEEE Transactions on Power Systems, 1998, 13(4): 1331-1336.

[26] Yang T, Lee J, Lee K Y, et al. On robust Kalman filtering with forgetting factor for sequential speech analysis[J]. Signal Processing, 1997, 63(2): 151-156.

[27] Karlgaard C D. Robust rendezvous navigation in elliptical orbit[J]. Journal of Guidance, Control, and Dynamics, 2006, 29(2): 495-499.

[28] Schick I C, Mitter S K. Robust recursive estimation in the presence of heavy-tailed observation noise[J]. The Annals of Statistics, 1994, 22(2): 1045-1080.

[29] Huber P J. Robust Statistics[M]// International encyclopedia of statistical science, Springer, Berlin, Heidelberg, 2011.

[30] Tsai C, Kurz L. An adaptive robustizing approach to Kalman filtering[J]. Automatica, 1983, 19(3): 279-288.

[31] Hewer G A, Martin R D, Zeh J. Robust preprocessing for Kalman filtering of glint noise[J]. IEEE Transactions on Aerospace and Electronic Systems, 1987 (1): 120-128.

[32] Meinhold R J, Singpurwalla N D. Robustification of Kalman filter models[J]. Journal of the American Statistical Association, 1989, 84(406): 479-486.

[33] 周江文. 抗差最小二乘法[M]. 武汉: 华中理工大学出版社, 1997.

[34] Hampel F R. A general qualitative definition of robustness[J]. The Annals of Mathematical Statistics, 1971, 42(6): 1887-1896.

[35] Hampel F R. The influence curve and its role in robust estimation[J]. Journal of the american statistical association, 1974, 69(346): 383-393.

[36] Aldrich J. RA Fisher and the making of maximum likelihood 1912−1922[J]. Statistical Science, 1997, 12(3): 162-176.

[37] Kendall M G, Bernoulli D, Allen C G, et al. Studies in the history of probability and statistics: Daniel Bernoulli on maximum likelihood[J]. Biometrika, 1961, 48(1/2): 1-18.

[38] Karlgaard C D. Robust adaptive estimation for autonomous rendezvous in elliptical orbit[D]. Blacksburg, VA, United State: Virginia Polytechnic Institute and State University, 2010.

[39] Caballero-Gil P, Fúster-Sabater A. A wide family of nonlinear filter functions with a large linear span[J]. Information Sciences, 2004, 164(1-4): 197-207.

[40] Skoglund M A, Hendeby G, Axehill D. Extended Kalman Filter Modifications Based on an Optimization View Point[C]. Washington, DC, United States: International Conference on Information Fusion, 2015: 1856-1861.

[41] Schei T S. A finite-difference method for linearization in nonlinear estimation algorithms[J]. Automatica, 1997, 33(11): 2053-2058.

[42] Ito K, Xiong K. Gaussian filters for nonlinear filtering problems[J]. IEEE Transactions on Automatic Control, 2000, 45(5): 910-927.

[43] Nørgaard M, Poulsen N K, Ravn O. New developments in state estimation for nonlinear systems[J]. Automatica, 2000, 36(11): 1627-1638.

[44] Arasaratnam I, Haykin S, Elliott R J. Discrete-time nonlinear filtering algorithms using Gauss-Hermite quadrature[J]. Proceedings of the IEEE, 2007, 95(5): 953-977.

[45] Bailey T. SLAM Simulations in Matlab[CP/OL]. (2015-07-12), https://www-personal.acfr.usyd.edu.au/tbailey.

[46] Bar-Shalom Y, Li X R, Kirubarajan T. Estimation with Applications to Tracking and Navigation: Theory Algorithms and Software[M]. New York, United States: John Wiley & Sons, 2001.

# 第4章 基于自适应粒子重采样的 UFastSLAM 算法

## 4.1 引 言

在基于高斯滤波器的 SLAM 算法中，机器人位姿与特征地图的后验概率是通过单个高斯分布来表示的，然而机器人真实的后验概率分布往往并不具备单峰高斯的特性。Montemerlo 等人[1, 2]基于 Rao-Blackwellized 粒子滤波器思想，提出了 FastSLAM 1.0 和 FastSLAM 2.0 算法，有效地克服了高斯滤波器的计算复杂度高、数据关联鲁棒性差等缺点，实现了任意非线性非高斯随机系统的状态估计。

在 FastSLAM 算法中，粒子提议分布或重要性函数的选择是影响 SLAM 算法性能的关键因素之一。FastSLAM 2.0 算法采用一个完整的扩展卡尔曼滤波器预测和更新过程来计算每个粒子的提议分布，由于其同时融合了当前最新的控制输入量和路标特征测量值，在一定程度上提高了 FastSLAM 1.0 算法的效率。在利用一阶泰勒级数展开对机器人的非线性运动模型和测量模型进行线性化近似时，忽略了二阶以上统计项的信息，因而在处理非线性程度较高的模型时容易造成较大的累积误差，最终导致算法的估计一致性较差。近年来，一些研究者将本书上一章中介绍的基于 Sigma 点的滤波器应用于 FastSLAM 的粒子采样函数计算，通过一系列特定选取的 Sigma 点来直接近似状态的后验概率密度函数，从而不需要线性化非线性函数，并且也避免了烦琐的雅可比矩阵的推导过程。Kim 等人[3]和 Song 等人[4]分别基于无迹卡尔曼滤波器和容积卡尔曼滤波器提出了 UFastSLAM 算法和 CFastSLAM 算法。Julier 和 Uhlmann[5]指出无迹卡尔曼滤波器能够将非线性函数至少精确到泰勒展开的二阶项。但是在利用无迹转换对较高维度的状态向量进行近似时，中心 Sigma 点的权值可能为负数，因而 UKF 不能保证后验协方差矩阵的正定性。此外，基于三阶球面-径向容积准则的 CKF 虽然相对于 UKF 有着更高的估计精度和数值稳定性，但是由于用来限定容积点的球体半径与状态向量的维度成正比，从而出现所谓的非局部采样问题[6-8]。为此，Chang 等人[9]结合 UKF 和 CKF 算法中 Sigma 点各自具有的优点，提出了一种改进的 Sigma 点构建方法。这种新的 Sigma 点构建方法的核心思想是对标准容积点进行正交转换，从而使所有的 Sigma 点与球体原点之间的距离与状态向量的维度无关。将该改进的 Sigma 点构建方法应用到 UKF 算法框架中，最终形成了改进的 UKF 算法，即转换无迹卡尔曼滤波器（transformed unscented Kalman filter，TUKF）。

粒子重要性重采样过程也是影响 FastSLAM 算法性能的重要因素。通常而言，采用较多的粒子数目能够更加精确地逼近机器人位姿状态的后验概率分布，而较少的粒子数目能够大幅度地减少算法对计算资源的需求。因而，在 FastSLAM 的粒子重要性重采样过程中，在保证算法估计精度的同时尽量提高算法的计算效率，需要考虑如何选择尽可能少的符合实际后验概率分布的粒子。为了改进基于粒子滤波器的蒙特卡罗定位（Monte Carlo localization，MCL）算法，Fox[10]提出了一种自适应粒子采样方法，其主要思想是根据粒子近似后验概率分布与提议分布之间的 KL 散度（Kullback-Leibler distance，KLD）来动态确定粒子采样过程中需要的最少粒子个数。Zhu 等人[11]在此基础上提出了基于 KLD-sampling 的自适应 FastSLAM 算法。该算法同时结合了马尔可夫链蒙特卡罗（Markov Chain Monte Carlo，MCMC）移步算法来增加粒子的多样性。最近，Li 等人[12]指出在粒子采样阶段利用 KL 散度来确定所需粒子数目时忽略了实际后验概率分布与提议分布之间的差异，而在粒子重采样阶段中利用该方法确定最少粒子个数，从理论上来讲更为严谨。此外，为了进一步降低自适应重采样步骤的计算复杂度，在实际高维状态估计问题中，可以只选取状态向量中的主要维度用于 KL 散度的近似计算。

针对上述两个问题，本章提出了一种基于改进粒子提议分布估计和自适应粒子重采样的 UFastSLAM 算法。采用平方根转换无迹卡尔曼滤波器对最优粒子提议分布进行近似，增强在估计过程中的数值稳定性和精度，从而提高了

采样粒子的质量。此外，在粒子重采样过程中，根据机器人位姿状态后验分布
与其粒子表示的近似分布之间的 KL 散度动态确定最少所需粒子个数，从而提
高算法的计算效率。

## 4.2 粒子滤波器基本原理

粒子滤波器是一种基于蒙特卡罗方法的递归贝叶斯滤波器，其核心思想是
采用一组带有权重值的随机样本来近似表征系统状态的后验概率分布，算法实
现过程主要涉及粒子重要性采样、序贯重要性采样和序贯重要性重采样等关键
技术。粒子滤波器具有计算方法简单、易于实现、适应性强等特点，它为分析
复杂的非线性动态系统提供了一种有效的解决手段，因而受到了越来越广泛的
关注与重视。

### 4.2.1 蒙特卡罗方法

蒙特卡罗方法（Mente Carlo method）也被称作统计模拟方法，是一种以概
率统计理论为指导的数值计算方法。当所求解问题目标是某种随机事件出现的
概率或某个随机变量的数学期望时，将该问题同一定的概率模型相联系进行统
计模拟或抽样，以此获得问题的近似解。20 世纪 40 年代，梅特罗波利斯
（Metropolis）等科学家最早提出了使用蒙特卡罗方法攻克物理学中的数值模
拟问题。近年来，由于计算机计算能力迅速提高，蒙特卡罗方法在统计学、物
理学、机器学习等领域得到广泛应用。

在应用贝叶斯推理过程中，最核心的推理问题可以简化为求解下述随机函
数的后验概率分布的数学期望：

$$E[f(x)|z_{1:k}] = \int f(x)p(x|z_{1:k})\mathrm{d}x \tag{4.1}$$

其中，$f(x)$ 为关于随机变量 $x$ 的任意函数，下标 $1:k$ 表示从开始时刻到当前时
刻 $k$ 的时间序列，$p(x|z_{1:k})$ 为给定测量值 $z_1, z_2, \cdots, z_k$ 条件下随机变量 $x$ 的后验
概率密度。一般情况下，式（4.1）右侧的积分运算很难直接求解，其解析解通
常需要利用计算数值方法进行估计得到。

对于那些由于计算过于复杂而难以得到解析解或解析解不存在的问题，蒙特卡罗方法提供了一种有效的求解数值解的方法，该方法从概率分布中抽取样本并用样本均值来估计统计量。在蒙特卡罗方法中，我们从概率分布 $p(x|z_{1:k})$ 中随机抽取 $N$ 个独立样本，后验概率分布的数学期望近似估计为如下形式：

$$E\Big[f(x)|z_{1:k}\Big] \approx \frac{1}{N}\sum_{i=1}^{N}f(x^{(i)}) \tag{4.2}$$

蒙特卡罗近似估计的收敛性可依据中心极限定理（central limit theorem，CLT）进行证明，其估计误差只与抽取的样本数量有关，而与随机变量的维数无关，误差项为 $O(N^{-1/2})$。正因为这种特性，从理论上来讲蒙特卡罗方法在随机变量为较大维数情形下，其估计结果将显著性地优于其他数值方法。蒙特卡罗方法的一般求解过程可以总结为以下三个步骤：

（1）针对目标问题首先构造出适当的概率模型，使所求的解恰好是所建模型的概率分布或其某个数字特征；

（2）用构造出来的已知概率分布进行随机抽样完成模拟实验步骤，抽取足够数量的随机样本点，并对有关事件进行统计，把贝叶斯迭代中的积分问题转化为求和问题；

（3）基于模拟实验抽样得到的样本集进行适当的无偏估计，其结果即可作为目标问题的数值解。

## 4.2.2　马尔可夫蒙特卡罗方法

马尔可夫链蒙特卡罗（MCMC）方法于 20 世纪 50 年代早期产生，是一种在贝叶斯理论框架下通过计算机进行模拟的蒙特卡罗方法。该方法将马尔可夫过程引入 Monte Carlo 模拟，实现抽样分布随着模拟的进行而改变的动态模拟，弥补了传统的蒙特卡罗积分只能静态模拟的缺陷。

在蒙特卡罗方法中，我们根据后验分布抽取样本，当这些样本之间满足独立性时，由大数定律可确保样本均值能收敛到期望值；如果得到的样本是不独立的，那么就需要借助于马尔可夫链进行抽样。马尔可夫链又称为马尔可夫过程，是一种离散的随机过程，其链上的随机变量序列满足马尔可夫假设。而马尔可夫假设的定义为当一个随机过程在给定现在状态及所有过去状态情况下，其未来状态的条件概率分布仅依赖于当前状态，具体数学表示如下：

$$p(x_{t+1}|x_t, x_{t-1}, \cdots) = p(x_{t+1}|x_t) \tag{4.3}$$

其中，$t$ 为当前时刻。

马尔可夫链的一个重要性质是平稳分布，满足主要统计性质不随时间而变化的马尔可夫链就可以认为是平稳的。数学上的马尔可夫链收敛定理是指当步长 $n$ 足够大时，一个非周期且任意状态连通的马尔可夫链可以收敛到一个平稳分布 $\pi(x)$。MCMC 方法指的是使用了马尔可夫链的蒙特卡罗积分方法，其基本思想是在随机变量 $x$ 的状态空间 $S$ 上构造一个满足收敛定理的马尔可夫链 $x = \{x_0, x_1, \cdots, x_t, \cdots\}$，使其平稳分布为未知参数的后验分布 $p(x)$，然后在该马尔可夫链上开始随机游走，每个时刻得到一个样本。根据收敛定理，当时间趋于无穷时，样本的分布趋于平稳分布，样本的函数均值趋于函数的期望均值。当时间足够长时（从初始时刻到 $m$ 时刻称为燃烧期），在 $m$ 时刻之后通过随机游走得到的样本值就是对目标分布抽样的结果，得到的函数均值就是近似函数的数学期望。

MCMC 方法的基本流程可以总结如下：

（1）在随机变量的状态空间上构造一个满足收敛定理的马尔可夫链，使其收敛到平稳分布；

（2）从状态空间中的某一点开始出发，用上述马尔可夫链进行随机游走，产生离散样本序列；

（3）确定样本序列值集合，采用蒙特卡罗积分方法对任意函数的期望进行估计。

### 4.2.3 粒子重要性采样

在蒙特卡罗方法实现过程中，我们需要从目标状态的概率分布中随机抽取一定数量的独立样本。然而，通常情况下该概率分布函数往往表现为非标准甚至是非解析的复杂形式，因而无法直接对其进行样本抽取操作。在粒子滤波器中，重要性采样（importance sampling，IS）技术正是为解决上述问题而被提出的，它是用于求解贝叶斯递归方程的序贯蒙特卡罗方法的基础[13]。重要性采样

的基本思想是从一个与目标状态概率分布相近且易于取样的概率分布 $q(x|z_{1:k})$ 中采样，我们一般称之为重要性分布或重要性密度函数。

为了使用重要性分布进行样本采样，需要将式（4.1）给定的后验概率分布数学期望的积分表达式改写为：

$$\int f(x)p(x|z_{1:k})\mathrm{d}x = \int \left[f(x)\frac{p(x|z_{1:k})}{q(x|z_{1:k})}\right]q(x|z_{1:k})\mathrm{d}x \qquad (4.4)$$

其中，$q(x|z_{1:k}) > 0$。

假设从重要性分布中随机抽取 $N$ 个独立样本 $\boldsymbol{x}^{(i)}$，即

$$\boldsymbol{x}^{(i)} \sim q(\boldsymbol{x}|\boldsymbol{z}_{1:k}) \quad i = 1, 2, \cdots, N \qquad (4.5)$$

将以上所有独立样本代入式（4.2），蒙特卡罗近似估计表达式则相应地变换为如下形式：

$$E[f(\boldsymbol{x})|z_{1:k}] \approx \frac{1}{N}\sum_{i=1}^{N}\frac{p(\boldsymbol{x}^{(i)}|z_{1:k})}{q(\boldsymbol{x}^{(i)}|z_{1:k})}f(\boldsymbol{x}^{(i)}) = \sum_{i=1}^{N}\tilde{w}^{(i)}f(\boldsymbol{x}^{(i)}) \qquad (4.6)$$

其中，$\tilde{w}^{(i)}$ 为第 $i$ 个样本的非归一化权值。在计算样本非归一化权值时，分式分子部分的计算需要根据贝叶斯公式转换为：

$$p(\boldsymbol{x}^{(i)}|z_{1:k}) = \frac{p(\boldsymbol{z}_{1:k}|\boldsymbol{z}^{(i)})p(\boldsymbol{x}^{(i)})}{\int p(\boldsymbol{z}_{1:k}|\boldsymbol{x})p(\boldsymbol{x})\mathrm{d}\boldsymbol{x}} \qquad (4.7)$$

其中，分母中的积分项称为归一化常数。将式（4.7）代入式（4.6）并整理，然后对归一化常数进行重要性采样，得到：

$$E[f(\boldsymbol{x})|z_{1:k}] \approx \sum_{i=1}^{N}\left[\frac{\frac{p(\boldsymbol{z}_{1:k}|\boldsymbol{x}^{(i)})p(\boldsymbol{x}^{(i)})}{q(\boldsymbol{x}^{(i)}|z_{1:k})}}{\sum_{j=1}^{N}\frac{p(\boldsymbol{z}_{1:k}|\boldsymbol{x}^{(j)})p(\boldsymbol{x}^{(j)})}{q(\boldsymbol{x}^{(j)}|z_{1:k})}}\right]f(\boldsymbol{x}^{(i)}) = \sum_{i=1}^{N}w^{(i)}f(\boldsymbol{x}^{(i)}) \qquad (4.8)$$

其中，$w^{(i)}$ 即为第 $i$ 个样本的归一化权值。

综上所述，蒙特卡罗重要性采样算法的一般步骤可总结如下：

（1）选定重要性分布，并从中随机抽取确定数量的样本（粒子）；

（2）依次将所有样本值代入似然概率分布、先验概率分布和重要性分布中，计算每个样本对应的非归一化权值及归一化权值；

（3）将样本值代入给定的随机变量函数并计算相应的函数值，再结合样本的归一化权值进行加权累加运算，最终获得随机变量函数的后验分布期望近似值。

## 4.2.4 序贯重要性采样

在每次执行完蒙特卡罗重要性采样后,将生成由一系列带有权值的样本所组成的粒子集,当前时刻的目标状态后验概率密度可近似为该粒子集经过加权累加运算后的结果。然而,每当有新的测量值到达时,为了获得状态后验概率密度的更新值,需要重新按照重要性采样算法的完整步骤获取新的粒子集。序贯重要性采样(sequential importance sampling,SIS)是一种序贯化形式的重要性采样方法,其充分利用了系统符合马尔可夫过程这一性质[14]。在序贯重要性采样中,上一时刻的粒子集在经过贝叶斯递推计算后直接输出当前时刻的粒子集,从而实现粒子集的序贯化更新过程。

根据贝叶斯公式和系统的马尔可夫特性,$k$ 时刻目标状态后验概率密度的计算公式可改写为以下递归形式:

$$
\begin{aligned}
p(\boldsymbol{x}_{0:k}|\boldsymbol{z}_{1:k}) &= p(\boldsymbol{x}_{0:k}|\boldsymbol{z}_{1:k-1}, \boldsymbol{z}_k) \\
&\propto p(\boldsymbol{z}_k|\boldsymbol{x}_{0:k}, \boldsymbol{z}_{1:k-1}) p(\boldsymbol{x}_{0:k}|\boldsymbol{z}_{1:k-1}) \\
&= p(\boldsymbol{z}_k|\boldsymbol{x}_k) p(\boldsymbol{x}_k|\boldsymbol{x}_{0:k-1}, \boldsymbol{z}_{1:k-1}) p(\boldsymbol{x}_{0:k-1}|\boldsymbol{z}_{1:k-1}) \\
&= p(\boldsymbol{z}_k|\boldsymbol{x}_k) p(\boldsymbol{x}_k|\boldsymbol{x}_{k-1}) p(\boldsymbol{x}_{0:k-1}|\boldsymbol{z}_{1:k-1})
\end{aligned}
\tag{4.9}
$$

假设 $k-1$ 时刻粒子集中的粒子满足 $\boldsymbol{x}_{0:k-1}^{(i)} \sim q(\boldsymbol{x}_{0:k-1}|\boldsymbol{z}_{1:k-1})$,重要性权值为 $w_{k-1}^{(i)}$,并且 $k$ 时刻的重要性密度函数可以分解为:

$$
q(\boldsymbol{x}_{0:k}|\boldsymbol{z}_{1:k}) = q(\boldsymbol{x}_k|\boldsymbol{x}_{0:k-1}, \boldsymbol{z}_{1:k}) q(\boldsymbol{x}_{0:k-1}|\boldsymbol{z}_{1:k-1})
\tag{4.10}
$$

$k$ 时刻的粒子可从上述重要性密度函数中得到,即 $\boldsymbol{x}_{0:k}^{(i)} \sim q(\boldsymbol{x}_{0:k}|\boldsymbol{z}_{1:k})$。相应地,粒子的权值计算表达式为:

$$
\begin{aligned}
w_k^{(i)} &\propto \frac{p(\boldsymbol{z}_k|\boldsymbol{x}_k^{(i)}) p(\boldsymbol{x}_k^{(i)}|\boldsymbol{x}_{k-1}^{(i)})}{q(\boldsymbol{x}_k^{(i)}|\boldsymbol{x}_{0:k-1}^{(i)}, \boldsymbol{z}_{1:k})} \frac{p(\boldsymbol{x}_{0:k-1}^{(i)}|\boldsymbol{z}_{1:k-1})}{q(\boldsymbol{x}_{0:k-1}^{(i)}|\boldsymbol{z}_{1:k-1})} \\
&= \frac{p(\boldsymbol{z}_k|\boldsymbol{x}_k^{(i)}) p(\boldsymbol{x}_k^{(i)}|\boldsymbol{x}_{k-1}^{(i)})}{q(\boldsymbol{x}_k^{(i)}|\boldsymbol{x}_{0:k-1}^{(i)}, \boldsymbol{z}_{1:k})} w_{k-1}^{(i)}
\end{aligned}
\tag{4.11}
$$

当选取满足一阶马尔可夫性质的重要性权值函数时,权值计算公式可进一步简化为:

$$
w_k^{(i)} \propto w_{k-1}^{(i)} \frac{p(\boldsymbol{z}_k|\boldsymbol{x}_k^{(i)}) p(\boldsymbol{x}_k^{(i)}|\boldsymbol{x}_{k-1}^{(i)})}{q(\boldsymbol{x}_k^{(i)}|\boldsymbol{x}_{k-1}^{(i)}, \boldsymbol{z}_{1:k})}
\tag{4.12}
$$

于是，目标状态的后验概率密度的近似估计为：

$$p(\boldsymbol{x}_k|\boldsymbol{z}_{1:k}) \approx \sum_{i=1}^{N} w_k^{(i)} \delta(\boldsymbol{x}_k - \boldsymbol{x}_k^{(i)}) \qquad (4.13)$$

其中，$\delta(\cdot)$ 表示狄拉克函数。

由上面的推导过程可知，序贯重要性采样基于迭代计算原理，只需要存储当前时刻的粒子集，克服常规重要性采样中需要同时存储所有历史时刻粒子集以及测量值的缺点。

综上所述，序贯重要性采样算法的一般步骤可总结如下：

（1）从先验分布中随机抽取确定数量的初始时刻粒子，并将所有粒子的初始权值统一赋值为平均权值（粒子总数的倒数）；

（2）根据上一时刻抽取的粒子对重要性密度函数分别进行更新，并从更新后的重要性分布中随机生成对应的新粒子，根据递归形式的重要性权值函数计算新粒子的权值，最后将新的权值进行归一化处理；

（3）将上一步骤得到的粒子代入给定的随机变量函数计算相应的函数值，再结合粒子的归一化权值进行加权累加运算，获得当前时刻随机变量函数的后验分布期望近似值。

### 4.2.5　序贯重要性重采样

在序贯重要性采样迭代过程中，由标准重要性密度函数生成的粒子集的重要性权值的方差会不断增大，权值的分布甚至会出现极端情况：粒子权值全部集中于粒子集中的某一个粒子，而其他所有粒子的权值均趋向于零[15]。这种现象就是常规粒子滤波器中的粒子退化（particle degeneracy）问题，它将导致大量的计算工作被耗费在更新那些对后验概率密度估计几乎没有作用的粒子上。

有效粒子数 $N_{\text{eff}}$ 是用来描述粒子退化程度的指标[16]，其计算方法为：

$$N_{\text{eff}} = \frac{N}{1 + \text{VAR}(w_k^{(i)})} \approx \frac{1}{\sum_{i=1}^{N}(w_k^{(i)})^2} \qquad (4.14)$$

其中，$\text{VAR}(\cdot)$ 表示方差运算。

当有效粒子数低于某一预设粒子数阈值时，我们通常需要借助重采样方法来解决粒子退化问题。重采样的基本思想是剔除那些权值很小的粒子，并复制相应数量的较大权值的粒子进行代替。重采样过程中引入了额外的粒子权值方差，使权值大的粒子获得更多的繁殖机会，但是由加权样本表示的理论分布并没有被改变。选择合适的重采样方法，可以减少重采样过程中引入的方差。

序贯重要性重采样（sequential importance resampling，SIR）是指在合适的时机将重采样步骤结合到序贯重要性采样中，从而抑制粒子退化现象的出现。相应地，序贯重要性重采样算法与序贯重要性采样算法的步骤类似，只需在每次完成新的权值归一化处理后再判断是否需要进行额外的重采样。重采样的具体步骤如下：

（1）对所有粒子进行顺序编号，将粒子重要性权值当作从粒子序号集中获取对应粒子序号的概率；

（2）从以上概率分布中随机抽取确定数量的粒子，并用该粒子集替换之前由序贯重要性采样输出的粒子集；

（3）将所有粒子的权值统一赋值为平均权值（粒子总数的倒数）。

将序贯重要性采样与重采样步骤按照顺序进行组合就形成了基本粒子滤波器算法，其具体流程示意如图 4.1 所示。

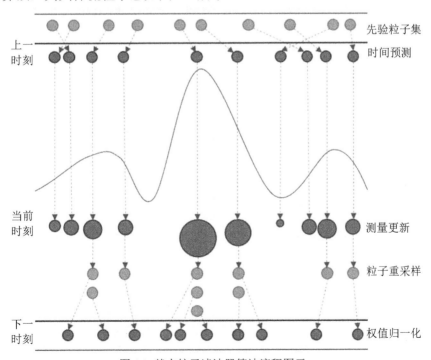

图 4.1 基本粒子滤波器算法流程图示

### 4.2.6　Rao-Blackwellized 粒子滤波器

在统计学领域中，Rao-Blackwell 定理有时也被称为 Rao-Blackwell-Kolmogorov 定理，它是指一种将任意粗略估计量转化为通过均方差或者其他类似准则优化后的估计量的结果。应用 Rao-Blackwell 定理寻找新的更优估计的过程通常被称为 Rao-Blackwellization，将此寻优过程结合到基于序贯重要性重采样的粒子滤波算法框架中就形成了 Rao-Blackwellized 粒子滤波器（Rao-Blackwellized particle filter，RBPF）[17]。Rao-Blackwellized 粒子滤波器也被称为混合卡尔曼滤波器[18]，当给定的状态空间模型是由可解析求解的方程以及只能应用蒙特卡罗采样求解的方程共同组成时，应用 Rao-Blackwellized 粒子滤波器可实现比常规粒子滤波器更高的计算效率和更小的估计方差。这是由于 Rao-Blackwellized 粒子滤波器通过边缘化操作将有限数量的蒙特卡罗粒子集替换成无限数量闭环形式的粒子集表示，从而获取更为精确的估计结果。

最常见的 Rao-Blackwellized 粒子滤波器是指对如式（4.15）所示形式的条件线性高斯模型进行边缘滤波：

$$p(\boldsymbol{x}_k|\boldsymbol{x}_{k-1}, \boldsymbol{u}_{k-1}) = N(\boldsymbol{x}_k|\boldsymbol{A}_{k-1}(\boldsymbol{u}_{k-1})\boldsymbol{x}_{k-1}, \boldsymbol{Q}_{k-1}(\boldsymbol{u}_{k-1}))$$
$$p(\boldsymbol{z}_k|\boldsymbol{x}_k, \boldsymbol{u}_k) = N(\boldsymbol{z}_k|\boldsymbol{H}_k(\boldsymbol{u}_k)\boldsymbol{x}_k, \boldsymbol{R}_k(\boldsymbol{u}_k)) \tag{4.15}$$

其中，$\boldsymbol{u}_k$ 为一个任意的隐变量，它随时间变化的方程可以是任意给定的形式。当状态变量 $\boldsymbol{x}_k$ 的先验分布也服从高斯分布时，根据条件线性高斯模型的性质，$\boldsymbol{x}_k$ 可通过积分运算得到，因而只需要对隐变量 $\boldsymbol{u}_k$ 进行蒙特卡罗抽样。

对于上述给定的状态空间模型，$k$ 时刻的全后验概率分布需要分解为两个概率分布的乘积形式：

$$p(\boldsymbol{u}_{0:k}, \boldsymbol{x}_{0:k}|\boldsymbol{z}_{1:k}) = p(\boldsymbol{x}_{0:k}|\boldsymbol{u}_{0:k}, \boldsymbol{z}_{1:k})p(\boldsymbol{u}_{0:k}|\boldsymbol{z}_{1:k}) \tag{4.16}$$

其中，$p(\boldsymbol{x}_{0:k}|\boldsymbol{u}_{0:k}, \boldsymbol{z}_{1:k})$ 为高斯概率密度函数，可以通过基本卡尔曼滤波器直接进行估计。$p(\boldsymbol{u}_{0:k}|\boldsymbol{z}_{1:k})$ 部分需要进一步展开，变换为以下形式：

$$p(\boldsymbol{u}_{0:k}|\boldsymbol{z}_{1:k}) \propto p(\boldsymbol{z}_k|\boldsymbol{u}_{0:k}, \boldsymbol{z}_{1:k-1})p(\boldsymbol{u}_{0:k}|\boldsymbol{z}_{1:k-1})$$
$$= p(\boldsymbol{z}_k|\boldsymbol{u}_{0:k}, \boldsymbol{z}_{1:k-1})p(\boldsymbol{u}_k|\boldsymbol{u}_{k-1})p(\boldsymbol{u}_{0:k-1}|\boldsymbol{z}_{1:k-1}) \tag{4.17}$$

此外，将重要性密度函数改写成如下所示递归形式：

$$q(\boldsymbol{u}_{0:k}|\boldsymbol{z}_{1:k}) = q(\boldsymbol{u}_k|\boldsymbol{u}_{0:k-1}, \boldsymbol{z}_{1:k})q(\boldsymbol{u}_{0:k-1}|\boldsymbol{z}_{1:k-1}) \tag{4.18}$$

经过推导整理后，对应的递归权值计算公式如下：

$$w_k^{(i)} \propto \frac{p(z_k|\boldsymbol{u}_{0:k-1}^{(i)}, \boldsymbol{z}_{1:k-1})p(\boldsymbol{u}_k^{(i)}|\boldsymbol{u}_{k-1}^{(i)})}{q(\boldsymbol{u}_k^{(i)}|\boldsymbol{u}_{0:k-1}^{(i)}, \boldsymbol{z}_{1:k})}w_{k-1}^{(i)} \tag{4.19}$$

给定上一时刻的粒子集和粒子重要性采样函数序列,其中每个粒子的信息包括重要性权值、隐变量取值、状态估计均值和协方差矩阵,Rao-Blackwellized 粒子滤波器算法的迭代步骤总结如下:

(1)将上一时刻粒子集中的隐变量分别代入系统运动方程,利用卡尔曼滤波或其扩展算法进行预测估计,得到每一个粒子对应的当前时刻的状态估计均值和协方差矩阵;

(2)根据给定的重要性采样函数序列,分别为每一个粒子抽取当前时刻对应的隐变量,获得与粒子个数相同的隐变量序列;根据粒子重要性权值递归计算公式,分别为每一个粒子计算当前时刻的权值,并对权值进行归一化处理;

(3)将步骤 2 中输出的当前时刻的隐变量序列分别代入系统观测方程,利用卡尔曼滤波或其扩展算法进行测量更新,得到每一个粒子对应的当前时刻的状态估计更新值和协方差矩阵;

(4)将上述步骤中得到的所有粒子重要性权值、隐变量、状态估计更新值和协方差矩阵按照序号对应关系进行整合,得到当前时刻新的粒子集;

(5)计算当前时刻的有效粒子个数,当有效粒子个数小于预设阈值时,执行粒子重采样操作。

## 4.3　粒子滤波器关键问题及其常用改善方法

Montemerlo 等人[1]在 2002 年首次将 Rao-Blackwellized 粒子滤波器应用到移动机器人 SLAM 问题中,并将其命名为 FastSLAM 算法。该算法将移动机器人 SLAM 问题分解成机器人定位问题和基于位姿估计的环境特征位置估计问题,随后用粒子滤波算法进行整个机器人运动路径的位姿估计,并用一系列扩展卡尔曼滤波器估计环境特征的位置。该方法融合了扩展卡尔曼滤波器和蒙特卡罗方法的优点,既降低了计算的复杂度,又具有较好的鲁棒性。本书第 2 章中已经对 FastSLAM 算法原理及算法流程进行了系统性介绍,本节主要对影响粒子滤波器算法性能的关键问题及对应的改善方法进行分析与总结。

### 4.3.1 粒子退化与粒子贫乏问题

在标准粒子滤波器中,粒子权值退化问题和多样性贫乏问题是一对相伴而生且又无法完全消除的矛盾,前者表现为权值过分集中于一部分粒子而后者表现为粒子分布过分集中于局部状态空间[19]。为了获得较好的采样估计结果,重要性密度函数应该接近状态的真实后验概率分布,其衡量的标准是重要性权重的方差越小越好。粒子权重的方差会随着时间的推移而不断增大,在极端情况下,甚至会出现整个粒子集中的粒子权值都趋于集中在某一个粒子上的现象,从而出现所谓的粒子退化问题。粒子退化问题导致的后果主要体现在两个方面:一方面,后验概率分布只由少数几个权重较大的粒子表示,大多数粒子对后验概率密度表示的贡献接近于零;另一方面,大量的计算资源浪费在对状态估计作用甚微的粒子上。

为了有效改善粒子退化现象,常用的策略包括增加采样粒子个数、选择合适的重要性密度函数以及加入粒子重采样步骤。虽然粒子重采样在一定程度上减轻了粒子退化问题,但由于一般的重采样方法都是对高权值的粒子不断进行大量复制,而同时那些小权值的粒子则被削弱或删除,随着迭代次数的增加,粒子会慢慢损失其多样性,从而又带来了所谓的粒子贫乏(particle impoverishment)问题。已有文献[20]的研究结果指出,当粒子权值退化现象越严重,一般重采样之后引发的粒子贫乏问题也随之越严重,粒子退化和粒子贫乏最终都会降低粒子滤波器的估计性能。因此,预防和解决粒子退化及粒子贫乏问题是提高粒子滤波器性能的关键。

### 4.3.2 重要性密度函数的选择

选择一个合适的重要性密度函数是解决粒子退化现象的重要途径,粒子滤波器的性能在很大程度上取决于重要性密度函数的设计与选择。一个不合适的重要性密度函数可能会造成大量粒子处于低似然区域,仅有少量粒子在权值更新后获得较高权值,从而加速粒子退化。对于重要性密度函数的合理选择,一般需要遵循以下几个原则:

(1)重要性采样函数分布足够宽,可覆盖主要的后验概率区域;

（2）易于实现采样；

（3）充分利用动态系统的先验知识以及最新的测量值；

（4）尽量使粒子权重的方差达到最小；

（5）尽量接近于真实的后验概率密度。

值得注意的是，上述原则仅可作为一般的通用参考指导，在解决实际工程问题时还需要根据具体的问题及其应用场景，综合考虑算法计算性能和复杂度之间的均衡来进行选择。在对估计性能要求不高的情况下，先验状态转移概率密度函数因其形式简单且容易实现，因而常常被选择用来作为重要性密度函数。但是，从状态转移概率密度函数进行粒子采样时没有考虑最新的测量值，当状态空间模型不准确或者测量噪声突然增大，会导致粒子样本数据与真实的后验概率密度之间存在较大偏差。

在实际的工程应用中，由于理想的最优重要性密度函数一般难以直接求得，通常需要采用近似优化的方法计算重要性密度函数。目前，按照实现过程的不同，次优重要性密度函数的计算方法主要有以下几种类型。其中一类方法即所谓的辅助粒子滤波器（auxiliary particle filter，APF）[21]，它的核心思想在于额外引入一个辅助变量，用来表示上一时刻的粒子状态，当前时刻的粒子继承上一时刻中预测似然度最大的粒子信息，用于提高那些和测量值更为匹配的粒子被采样的概率，当似然函数的形状比较狭窄或者采样粒子的似然函数位于先验概率密度的尾部的时候，从而获得比基本粒子滤波器更为精确的估计结果。另一类方法是通过 EKF、UKF 等各种非线性高斯滤波器构建次优函数来近似表示最优重要性密度函数，在假设关于状态的条件概率为高斯分布的基础上，采用高斯分布的重要性函数来近似状态转移概率密度函数[22-24]。上述方法的一个优点是充分发挥最新的观测数据的修正作用，不再是简单地从状态的转移概率密度函数中采样粒子，从而使采样粒子往高似然区域集中，提高了近似真实后验概率密度函数的准确度。另一个优点是，采用这类方法生成重要性密度函数，虽然计算量相对于常规粒子滤波器有所增加，但仍然远少于通过增加采样点数量带来的额外计算量。

### 4.3.3 重采样策略的选择

选取适当的重要性函数可以在一定限度上改善粒子退化问题,但在实际执行过程中,重要性权值的方差会随时间变化而不断增长,粒子退化问题不可完全避免。基本粒子滤波器在序贯重要性采样步骤后加入重采样步骤以改善粒子退化现象。重采样过程的核心内容是根据同分布原则对采样粒子集进行重新映射,获得一个大部分粒子权值相当的新的粒子集。基于上述基本思想,研究者们已提出了一系列基本粒子重采样算法,主要包括多项式重采样、分层重采样、系统重采样和残差重采样等算法[25-28]。为了减少重采样过程中样本选取操作带来的计算成本,有些重采样方法直接对未经归一化的粒子权值进行处理,属于该类的典型方法有 Metropolis 重采样、上坡式(uphill)重采样、否决式(rejection)重采样和 Branch-Kill 重采样等算法[29-31]。

然而,对严重退化的粒子集进行无偏重采样又会造成样本有效性和多样性的损失,导致出现粒子贫乏现象。为了在粒子退化和粒子贫乏两者之间折衷,可以在重采样步骤之前添加额外的判断流程以确定是否需要进行粒子重采样,一般常用的判断标准是评估当前时刻的有效粒子数或者样本最大最小权值比是否超过了某个预设阈值。也有文献[32]提出在重采样步骤之后增加粒子粗化(roughening)操作,为紧邻及重合的粒子引入适度的状态噪声扰动,使它们在空间上略微分散开,从而提高了粒子多样性。均值漂移(mean shift)算法[33]被引入重采样,利用其迭代移动的特性将每个粒子聚集到其各自最近的局部最大值,以缓解粒子退化和贫乏问题。粒子 MCMC 移动算法[34,35]则将马尔可夫过程中产生的平稳分布作为粒子集的目标分布,有效减弱了粒子间的相关性;同时经过马尔可夫跳跃后的粒子分布变得更加接近于状态的后验概率密度分布,提高了滤波估计精度。正则粒子滤波器(regualized particle filter,RPF)[36]基于核密度函数及采样带宽参数生成连续分布函数用于近似后验概率密度,并从该连续近似的分布中进行重采样,以代替标准粒子滤波器的离散分布重采样,在一定程度上改善了粒子退化和粒子贫乏问题。

近年来,将粒子重采样与智能算法相结合成为了新的研究关注点之一。基因遗传算法(genetic algorithm,GA)[37]是一种用于防止粒子贫乏的智能随机搜索算法,通过使用选择、交叉和变异操作查找似然性更大的新值,并从作为父粒子的旧粒子中找到新的、更好的、更多样化的子代种群。基因遗传算法的优势在于它具有良好的全局搜索能力,可以快速地搜索出解空间中的全体解,防止陷入局部最优解。遗传算法为改善粒子分布特征、提高粒子多样性提供了一种有效思路,因而被研究者们以各种方式应用于改进粒子滤波性能[38-41]。例如文献[38]提出了一种结合遗传算法的粒子重采样策略,通过将粒子按权值分为大小两个不同群体,并对权值较小的群体进行交叉、变异,使其进化成权值较大的粒子,有效克服了粒子退化的影响。除了基因遗传算法外,其他多种智能算法也被成功应用于粒子滤波器,这些算法同样也是从生物遗传和进化过程中得到启发,具体包括粒子群优化(particle swarm optimization,PSO)[42]、蚁群优化(ant colony optimization,ACO)[43]、灰狼优化(grey wolf optimization,GWO)[44],以及萤火虫算法(firefly algorithm,FA)[45]等。值得一提的是,上述智能算法在应用时都需要配置各自的特定参数,而且这些方法通常只是针对某些特定问题的最优方法。更多关于重采样方法的原理、分类及优缺点等详细描述请读者参见综述性文献[46]和文献[47]。

### 4.3.4　计算效率和估计精度

算法的计算效率和估计精度是评估不同粒子滤波器性能的两个重要的量化指标,在保持其他前提条件不变的情况下,两者之间往往是一种互相制约、此消彼长的关系。一方面,由大数定律可知,采用的采样粒子数量越多,能够更好地逼近真实的后验概率密度,从而获得更高的估计精度;另一方面,采用的粒子数量越多,对数据存储和计算资源的要求也就越高,从而降低滤波器的计算效率。因此,研究如何平衡计算效率和估计精度两者之间的矛盾,对于高效粒子滤波器的设计显得格外重要。

目前,粒子滤波领域的研究者们针对上述问题已提出了多种有效的解决方法,具体可以分成以下几类。第一类方法是将状态向量进行因子分解,使需要通过蒙特卡罗近似计算的状态空间维度尽可能降低。上面所提的 Rao-Blackwellized 粒子滤波器(RBPF)就属于这一类方法的典型实例。它通过将原始高维状态向量划分为两个维度相对较小的子状态向量,从中分离出具有解析解的状态向量部分,并只对没有解析解的子状态部分采用蒙特卡罗近似计算,从而可以大幅度提高计算效率。与该思想类似,Smidl 和 Quinn[48]提出了一种通用的变分贝叶斯滤波框架,采用该滤波框架修改后的粒子滤波器算法可以有效处理高维状态和参数联合估计问题。第二类方法是简化粒子似然函数的计算,加速粒子权值的更新。文献[49]提出了一种基于数值拟合技术的快速粒子滤波实现方法,该方法选取少量"支点"构建粒子似然函数,用间接计算粒子似然的方式代替直接计算,从而有效降低了计算量。第三类方法的核心思想是在满足估计精度要求的前提下,在迭代递推过程中动态调整采样粒子个数。所需粒子的具体数量测算原则和依据主要包括样本的分布质量[50]、后验概率估计精度[12,51]以及给定的预设阈值[52,53]等。其中,基于后验概率估计精度确定所需粒子个数具有严格的数学证明,常用的理论基础包括 KL 散度和率失真理论等。第四类方法从并行或分布式运算的角度出发,对常规粒子重采样中需要序贯计算的相关操作进行并行化运算改造,以充分利用基于 CUDA 技术的 GPU 硬件计算能力,实现高效并行粒子滤波[54]。

## 4.4 粒子滤波器性能改进方法

### 4.4.1 基于转换无迹变换的粒子提议分布

通过本书上一章内容,我们知道无迹变换是一种采用有限个无迹 Sigma 点来近似未知随机量的概率统计特性的方法。给定 $n$ 维高斯随机向量 $\boldsymbol{x}$ 和关于它的非线性函数 $\boldsymbol{y} = g(\boldsymbol{x})$,根据下式生成 $2n+1$ 无迹 Sigma 点:

$$
\begin{aligned}
\mathcal{X}_0 &= \boldsymbol{m}, \\
\mathcal{X}_i &= \boldsymbol{m} + \sqrt{n+\lambda}[\sqrt{\boldsymbol{P}}]_i, \\
\mathcal{X}_{i+n} &= \boldsymbol{m} - \sqrt{n+\lambda}[\sqrt{\boldsymbol{P}}]_i, i = 1, 2, \cdots, n
\end{aligned}
\tag{4.20}
$$

其中,$\boldsymbol{x}$ 的均值和协方差分别为 $\boldsymbol{m}$ 和 $\boldsymbol{P}$,$[\sqrt{\boldsymbol{P}}]_i$ 为 $\boldsymbol{P}$ 的平方根因子中的第 $i$ 列向量,$\lambda$ 是用于表征 Sigma 点在状态空间扩散程度的尺度参数。

将以上 Sigma 点代入非线性函数 $g(\boldsymbol{x})$ 得到新的点集 $\{\mathcal{Y}_i = g(\mathcal{X}_i)\}_{i=0}^{2n}$。基于该 Sigma 点集,对 $\boldsymbol{y}$ 的均值、协方差和交叉协方差分别估计如下:

$$\hat{\boldsymbol{y}} = \sum_{i=0}^{2n} w_i \mathcal{Y}_i$$

$$\boldsymbol{P}_y = \sum_{i=0}^{2n} w_i (\mathcal{Y} - \hat{\boldsymbol{y}})(\mathcal{Y} - \hat{\boldsymbol{y}})^{\mathrm{T}} \qquad (4.21)$$

$$\boldsymbol{P}_{xy} = \sum_{i=0}^{2n} w_i (\mathcal{X} - \boldsymbol{m})(\mathcal{Y} - \hat{\boldsymbol{y}})^{\mathrm{T}}$$

其中，权值系数根据下式计算：

$$w_0 = \frac{\lambda}{n + \lambda}$$

$$w_i = \frac{1}{2(n + \lambda)} \qquad (4.22)$$

$$w_{i+n} = \frac{1}{2(n + \lambda)}, i = 1, 2, \cdots, n$$

在无迹变换方法中，通常令尺度参数 $\lambda = 3 - n$，因而当状态向量的维度 $n > 3$ 时，中心 Sigma 点的权值 $w_0$ 为负。从而，由式（4.21）计算的协方差和交叉协方差有可能无法满足半正定性，最终影响算法的数值稳定性。文献[9]利用泰勒级数展开分析了无迹变换对后验概率的理论估计精度。令 $\sigma_{x_{i,j}}$ 为 $\sigma_{x_i} = [(n + \lambda)\boldsymbol{P}]_i$ 的第 $j$ 维分量，函数 $\boldsymbol{y} = g(\boldsymbol{x})$ 可以写成：

$$\mathcal{Y}_i = g(\boldsymbol{m}) + \sum_{l=1}^{\infty} \frac{1}{l!} \left[ \sum_{j=1}^{n} \sigma_{x_{i,j}} \frac{\partial}{\partial x_j} \right]^l g(\boldsymbol{x}) \Bigg|_{\boldsymbol{x}=\boldsymbol{m}} \qquad (4.23)$$

其中，$\partial / \partial x_j$ 表示关于 $\boldsymbol{x}$ 的第 $j$ 维分量 $x_j$ 的偏微分运算，$l$ 表示偏微分阶数。由式（4.20）可知，无迹 Sigma 点关于均值对称分布，因而式（4.23）中相应的奇数阶均为零。据此，将式（4.23）代入式（4.21），简化后得到：

$$\begin{aligned} \hat{\boldsymbol{y}} =& g(\boldsymbol{m}) + \frac{(\nabla^T \boldsymbol{P} \nabla)|_{\boldsymbol{x}=\boldsymbol{m}}}{2} \\ &+ \frac{1}{2(n + \lambda)} \sum_{i=1}^{2n} \sum_{l=1}^{\infty} \frac{1}{(2l)!} \left[ \sum_{j=1}^{n} \sigma_{x_{i,j}} \frac{\partial}{\partial x_j} \right]^{2l} g(\boldsymbol{x}) \Bigg|_{\boldsymbol{x}=\boldsymbol{m}} \end{aligned} \qquad (4.24)$$

其中，$\nabla$ 为梯度算子，关于第 $j$ 维分量的高阶矩可以写成：

$$\mathrm{hom}_{\mathrm{ukf}}(\lambda) = (n + \lambda)^{l-1} \sum_{l=1}^{\infty} \left[ \frac{1}{(2l)!} \sum_{i=1}^{2n} \boldsymbol{P}^l(i, j) \right] \qquad (4.25)$$

同样，按照以上方法对球面-径向容积准则进行分析，得到其高阶矩为：

$$\text{hom}_{\text{ckf}} = n^{l-1} \sum_{l=1}^{\infty} \left[ \frac{1}{(2l)!} \sum_{i=1}^{2n} \boldsymbol{P}^l(i,j) \right] \tag{4.26}$$

在大部分实际的非线性状态估计问题中，后验概率的真实高阶矩是未知的，当状态向量的不确定度比较大或者函数的非线性程度比较高时，忽略高阶矩子项会导致严重的估计偏差。因此，为了减少未知高阶矩子项带来的影响，在构建 Sigma 点集时应尽量使其对应的高阶矩子项的值较小。在无迹变换中，通常令状态维度和尺度参数的和为较小常数，即 $n + \lambda = 3$，因而其高阶矩子项可以忽略。而在球面-径向容积准则中，高阶矩子项的值与状态向量的维度成正比，因而当状态向量的维度比较高时，其高阶矩子项不能忽略。针对上述问题，文献[9]提出了一种转换无迹变换方法，其具体步骤总结如下：

首先，将 $2n$ 个相同权值的 Sigma 点组成一个 $n \times 2n$ 矩阵：

$$\boldsymbol{\xi} = (\boldsymbol{\xi}_1, \boldsymbol{\xi}_2, \cdots, \boldsymbol{\xi}_{2n}) \tag{4.27}$$

其中，每个 Sigma 点为 $n$ 维向量 $\boldsymbol{\xi}_j = (\boldsymbol{\xi}_{j,1}, \boldsymbol{\xi}_{j,2}, \cdots, \boldsymbol{\xi}_{j,n})^{\text{T}}$，其元素由下式确定：

$$\begin{aligned} \boldsymbol{\xi}_{j,2r-1} &= \sqrt{2} \cos \frac{(2r-1)j\pi}{n}, \quad j = 1, 2, \cdots, 2n \\ \boldsymbol{\xi}_{j,2r} &= \sqrt{2} \sin \frac{(2r-1)j\pi}{n}, \quad r = 1, 2, \cdots, \lfloor n/2 \rfloor \end{aligned} \tag{4.28}$$

其中，$\lfloor \cdot \rfloor$ 为取下整运算符，当 $n$ 为奇数时，最后一个元素为 $\boldsymbol{\xi}_{j,n} = (-1)^j$。

然后，计算转换无迹变换 Sigma 点：

$$\boldsymbol{\zeta}_j = \hat{\boldsymbol{x}} + \sqrt{\boldsymbol{P}} \boldsymbol{\xi}_j, \quad j = 1, 2, \cdots, 2n \tag{4.29}$$

最后，代入非线性函数得到新的转换无迹变换 Sigma 点 $\{\boldsymbol{\zeta}_j^* = g(\boldsymbol{\zeta}_j)\}_{j=1}^{2n}$，向量 $\boldsymbol{y}$ 的相关统计量可估计为：

$$\begin{aligned} \hat{\boldsymbol{y}} &= \sum_{j=1}^{2n} \alpha \boldsymbol{\zeta}_j^* \\ \boldsymbol{P}_y &= \sum_{j=1}^{2n} \alpha (\boldsymbol{\zeta}_j^* - \hat{\boldsymbol{y}})(\boldsymbol{\zeta}_i^* - \hat{\boldsymbol{y}})^{\text{T}} \\ \boldsymbol{P}_{xy} &= \sum_{j=1}^{2n} \alpha (\boldsymbol{\xi}_j^* - \boldsymbol{m})(\boldsymbol{\zeta}_i^* - \hat{\boldsymbol{y}})^{\text{T}} \end{aligned} \tag{4.30}$$

其中，权值系数 $\alpha = 1/2n$。

### 4.4.2 自适应粒子重采样

粒子滤波器利用有限个数的加权粒子来表示任意形式的概率分布，它的算法效率取决于如何将有限的计算资源（即粒子）集中到后验概率分布的高概率区域。由于在整个状态估计过程中，概率密度分布的复杂度往往会随着时间动态变化，使用固定数量的粒子来表示这种动态性效率非常低。为此，Fox[55]提出了一种基于 KL 散度的自适应粒子采样方法，其主要思想是根据粒子近似分布与真实分布之间的误差上限来动态确定粒子采样过程中需要的粒子个数。

假设未知状态的真实概率密度分布可划分成 $B$ 个不同的子空间，从第 $j$ 个子空间采样的粒子个数表示为 $X_j$，所有子空间中采样的粒子个数可以用向量表示为 $\boldsymbol{X} = (X_1, X_2, \cdots, X_B)$，并且满足 $X_1 + X_2 + \cdots + X_B = N$，向量 $\boldsymbol{X}$ 服从多项式分布：

$$\boldsymbol{X} \sim \mathrm{Multinomial}_B(N, \boldsymbol{p}) \tag{4.31}$$

其中，$\boldsymbol{p} = (p_1, p_2, \cdots, p_B)$ 对应每个子空间的概率，其最大似然近似估计值为 $\hat{\boldsymbol{p}} = \boldsymbol{X}/N$，并且满足 $p_1 + p_2 + \cdots + p_B = 1$。据此，似然比检验统计量的计算公式如下：

$$\log \kappa_n = \sum_{j=1}^{B} X_j \log\left(\frac{\hat{p}_j}{p_j}\right) = N \sum_{j=1}^{B} \hat{p}_j \log\left(\frac{\hat{p}_j}{p_j}\right) \tag{4.32}$$

其中 $p_j$ 和 $\hat{p}_j$ 分别表示第 $j$ 个区域对应的真实概率值和最大似然估计值。当样本个数 $N$ 趋向于无穷大时，似然比检验统计量收敛到 $B-1$ 维自由度的卡方分布：

$$2\log(\kappa_n) \to \chi_{B-1}^2 \tag{4.33}$$

KL 散度可以用来衡量近似概率分布 $\hat{p}(x)$ 和真实概率分布 $p(x)$ 之间的差异程度，其定义如下：

$$\mathrm{D_{KL}}(\hat{p}, p) = \sum_x \hat{p}(x) \log \frac{\hat{p}(x)}{p(x)} \tag{4.34}$$

KL 散度为一非负值，并且当且仅当两个概率分布完全相同时取值为零。用 $P_p(\mathrm{D_{KL}}(\hat{p}, p) \leqslant e)$ 表示近似概率分布和真实概率分布之间的 KL 散度小于等于给定误差阈值的概率值，根据 KL 散度和似然比检验统计量之间的关系，可

以得到:

$$P_p\big(\mathrm{D_{KL}}(\hat{p}, p) \leqslant e\big) = P_p\big(2N\mathrm{D_{KL}}(\hat{p}, p) \leqslant 2Ne\big) \doteq P(\chi^2_{B-1} \leqslant 2Ne) \quad (4.35)$$

在 $B-1$ 维自由度的卡方分布中，其上侧 $\sigma$ 分位数 $\chi^2_{B-1,1-\sigma}$ 由下式确定:

$$P(\chi^2_{B-1} \leqslant \chi^2_{B-1,1-\sigma}) = 1 - \sigma \quad (4.36)$$

根据式（4.35）和式（4.36）的计算结果，选择适当的粒子个数 $N$ 使其满足 $2Ne = \chi^2_{B-1,1-\sigma}$:

$$P_p\big(\mathrm{D_{KL}}(\hat{p}, p) \leqslant e\big) \doteq 1 - \sigma \quad (4.37)$$

对于给定的误差阈值和卡方分布分位数 $\chi^2_{B-1,1-\sigma}$，所需粒子个数可近似为:

$$N = \frac{B-1}{2e}\left[1 - \frac{2}{9(B-1)} + \sqrt{\frac{2}{9(B-1)}Z_{1-\sigma}}\right]^3 \quad (4.38)$$

其中，$Z_{1-\sigma}$ 为标准正态分布的上侧 $\sigma$ 分位数，其值可通过查询统计学表格得到。

在以上自适应粒子采样方法中，一方面，粒子的个数在粒子采样阶段动态确定，粒子是根据提议分布进行采样的，因而此阶段的粒子概率反映的是后验概率分布的预测值，而不是真实的后验概率分布；另一方面，用 KL 散度衡量近似分布和真实分布的差异程度时，需要将状态空间按照维度划分子空间，因而当状态向量的维度较高时，算法的效率将受到严重影响。针对此问题，文献 [12] 提出了一种改进的自适应粒子滤波算法。在该算法中，粒子的个数在粒子重采样阶段动态确定，并且为了进一步提高算法的计算效率，只对状态向量中的基本维度划分子空间。

## 4.5 基于自适应粒子重采样的 UFastSLAM 算法

本节将结合平方根转换无迹卡尔曼滤波器（SRTUKF）和自适应粒子重采样方法推导一种改进的 UFastSLAM 算法。其中，SRTUKF 用来计算优化的粒子提议分布函数，从而提高采样粒子的质量；而基于 KL 散度的粒子重采样方法用于动态确定所需粒子个数，从而提高算法的计算效率。

为了提高后验概率分布估计的数值稳定性和减少矩阵的开方运算，机器人位姿协方差和路标特征位置协方差的平方根直接参与滤波递推运算。据此，$k$ 时刻机器人位姿和特征地图的联合后验概率表示为如下 $N_k$ 个粒子组成的粒子集：

$$\boldsymbol{\Theta}_k = \langle w_k^{(i)}, \boldsymbol{x}_k^{(i)}, \boldsymbol{S}_k^{(i)}, \boldsymbol{\mu}_{1,k}^{(i)}, \boldsymbol{S}_{1,k}^{(i)}, \boldsymbol{\mu}_{2,k}^{(i)}, \boldsymbol{S}_{2,k}^{(i)}, \cdots, \boldsymbol{\mu}_{m,k}^{(i)}, \boldsymbol{S}_{m,k}^{(i)} \rangle_{i=1}^{N_k} \quad (4.39)$$

其中，$(i)$ 表示粒子序号，$w_k^{(i)}$ 为第 $i$ 个粒子的权重；$\boldsymbol{x}_k^{(i)}$ 和 $\boldsymbol{S}_k^{(i)}$ 分别表示第 $i$ 个机器人位姿状态的假设均值和相应的协方差平方根因子；$\boldsymbol{\mu}_{l,k}^{(i)}$ 和 $\boldsymbol{S}_{l,k}^{(i)}$ 分别表示第 $i$ 个粒子中关于第 $l$ 个特征路标的位置均值和相应的协方差矩阵平方根因子。除初始粒子个数 $N_0$ 由用户给定之外，$k$ 时刻需要采样的粒子个数 $N_k$ 由 $k-1$ 时刻的粒子重采样过程决定。

### 4.5.1　粒子提议分布函数估计

对于粒子集中的每一个粒子，其对应的机器人的位姿状态需要从一个确定的粒子提议分布函数中经过随机采样后获得。在 FastSLAM 算法中，往往需要应用各种非线性贝叶斯滤波器来估计粒子提议分布函数，例如将 UKF 和 CKF 用于估计粒子提议分布函数，从而分别推导出 UFastSLAM 算法和 CFastSLAM 算法。在实际实现该类算法时，运动噪声和测量噪声均被增广到机器人的位姿状态向量中。在状态估计时采用向量增广的方式可以使算法同样适用于非可加噪声的系统，但是状态向量的维度也随之增加。因此，在 UFastSLAM 和 CFastSLAM 中采用向量增广将对算法数值稳定性和估计精度造成一定的负面影响。为了消除这些影响，粒子提议分布函数将通过 SRTUKF 算法进行近似。

假设运动噪声和测量噪声均服从零均值高斯分布，其协方差矩阵分别为 $\boldsymbol{Q}_k$ 和 $\boldsymbol{R}_k$，$k-1$ 时刻第 $i$ 个粒子的机器人位姿状态向量均值及其协方差矩阵平方根因子可以增广为：

$$\hat{\boldsymbol{x}}_{k-1}^{a(i)} = \begin{bmatrix} \hat{\boldsymbol{x}}_{k-1}^{(i)} \\ \boldsymbol{0} \\ \boldsymbol{0} \end{bmatrix}, \quad \boldsymbol{S}_{k-1}^{a(i)} = \begin{bmatrix} \boldsymbol{S}_{k-1}^{(i)} & \boldsymbol{0} & \boldsymbol{0} \\ \boldsymbol{0} & \boldsymbol{S}_{Q,k} & \boldsymbol{0} \\ \boldsymbol{0} & \boldsymbol{0} & \boldsymbol{S}_{R,k} \end{bmatrix} \quad (4.40)$$

其中，$\boldsymbol{S}_{Q,k}$ 和 $\boldsymbol{S}_{R,k}$ 分别表示 $\boldsymbol{Q}_k$ 和 $\boldsymbol{R}_k$ 的平方根因子，即满足 $\boldsymbol{Q}_k = \boldsymbol{S}_{Q,k} \boldsymbol{S}_{Q,k}^{\mathrm{T}}$ 和

$\boldsymbol{R}_k = \boldsymbol{S}_{R,k}\boldsymbol{S}_{R,k}^{\mathrm{T}}$。文献[3]对于机器人位姿状态向量的增广提出了两种不同的增广方式：一种是同时将运动噪声和测量噪声增广到状态向量中；另一种是只将运动噪声增广到状态向量中。本章所提算法中选择前一种方式是因为在计算测量预测协方差时，不需要将测量噪声的协方差当作一个可加项，从而保证协方差的半正定性。

根据增广后的机器人位姿状态向量均值和协方差矩阵的平方根因子，结合式（4.29）可以得到 Sigma 点集：

$$\boldsymbol{\zeta}_{k-1}^{a(i)} = \left\{\boldsymbol{\zeta}_{k-1}^{a(i)(j)}\right\}_{j=1}^{2n_a} = \left\{\hat{\boldsymbol{x}}_{k-1}^{a(i)} + \boldsymbol{S}_{k-1}^{a(i)}\boldsymbol{\xi}_j\right\}_{j=1}^{2n_a} \tag{4.41}$$

其中，$n_a = \dim(\boldsymbol{x}_{k-1}^{a(i)})$ 表示增广后状态向量的总维度，每个 Sigma 点同时包含了机器人位姿状态分量、机器人运动噪声分量和传感器测量噪声分量，即 $\boldsymbol{\zeta}_{k-1}^{a(i)(j)} = [\boldsymbol{\zeta}_{k-1}^{(i)(j)}, \boldsymbol{\zeta}_{k}^{u(i)(j)}, \boldsymbol{\zeta}_{k}^{z(i)(j)}]$。

根据机器人运动方程生成预测的 Sigma 点：

$$\boldsymbol{\zeta}_{k|k-1}^{(i)(j)} = f(\boldsymbol{\zeta}_{k-1}^{(i)(j)}, \boldsymbol{u}_k + \boldsymbol{\zeta}_{k}^{u(i)(j)}) \tag{4.42}$$

根据预测的 Sigma 点计算机器人位姿状态的预测均值及协方差平方根因子：

$$\hat{\boldsymbol{x}}_{k|k-1}^{(i)} = \frac{1}{2n_a}\sum_{j=1}^{2n_a}\boldsymbol{\zeta}_{k|k-1}^{(i)(j)} \tag{4.43}$$

$$\boldsymbol{S}_{k|k-1}^{(i)} = \mathrm{qr}\left(\boldsymbol{\Pi}_{v,k|k-1}\right) \tag{4.44}$$

其中，$\mathrm{qr}(\cdot)$ 表示矩阵的 $\boldsymbol{QR}$ 分解运算，$\boldsymbol{\Pi}_{v,k|k-1}$ 定义为以下加权中心偏差矩阵：

$$\boldsymbol{\Pi}_{v,k|k-1} = \frac{1}{\sqrt{2n_a}}\left[\boldsymbol{\zeta}_{k|k-1}^{(i)(1)} - \hat{\boldsymbol{x}}_{k|k-1}^{(i)}, \cdots, \boldsymbol{\zeta}_{k|k-1}^{(i)(2n_a)} - \hat{\boldsymbol{x}}_{k|k-1}^{(i)}\right] \tag{4.45}$$

假设第 $l$ 个路标特征被机器人再次成功观测到，根据测量方程 $h(\cdot)$ 生成测量值 Sigma 点：

$$\boldsymbol{\Gamma}_{k|k-1}^{(i)(j)} = \mathrm{h}(\boldsymbol{\zeta}_{k|k-1}^{(i)(j)}, \boldsymbol{\mu}_{l,k-1}^{(i)}) + \boldsymbol{\zeta}_{k}^{z(i)(j)} \tag{4.46}$$

其中，$\boldsymbol{\mu}_{l,k-1}^{(i)}$ 表示第 $l$ 个路标特征在 $k-1$ 的位置估计值。

根据测量值 Sigma 点计算预测测量值的均值：

$$\hat{\boldsymbol{z}}_{k|k-1}^{(i)} = \frac{1}{2n_a} \sum_{j=1}^{2n_a} \boldsymbol{\Gamma}_{k|k-1}^{(i)(j)} \tag{4.47}$$

利用 $\boldsymbol{QR}$ 分解，计算预测测量协方差矩阵的平方根因子：

$$\boldsymbol{S}_{zz,k|k-1}^{(i)} = \mathrm{qr}\left(\boldsymbol{\Pi}_{z,k|k-1}\right) \tag{4.48}$$

其中，$\boldsymbol{\Pi}_{z,k|k-1}$ 定义为以下加权中心偏差矩阵：

$$\boldsymbol{\Pi}_{z,k|k-1} = \frac{1}{\sqrt{2n_a}} \left[ \boldsymbol{\Gamma}_{k|k-1}^{(i)(1)} - \hat{\boldsymbol{z}}_{k|k-1}^{(i)}, \cdots, \boldsymbol{\Gamma}_{k|k-1}^{(i)(2n_a)} - \hat{\boldsymbol{z}}_{k|k-1}^{(i)} \right] \tag{4.49}$$

根据下式计算交叉协方差矩阵：

$$\boldsymbol{P}_{xz,k|k-1}^{(i)} = \sum_{j=1}^{2n_a} \frac{1}{\sqrt{2n_a}} (\boldsymbol{\zeta}_{k|k-1}^{(i)(j)} - \hat{\boldsymbol{x}}_{k|k-1}^{(i)})(\boldsymbol{\Gamma}_{k|k-1}^{(i)(j)} - \hat{\boldsymbol{z}}_{k|k-1}^{(i)}) \tag{4.50}$$

计算卡尔曼增益：

$$\boldsymbol{K}_k^{(i)} = \boldsymbol{P}_{xz,k|k-1}^{(i)} \left[ \boldsymbol{S}_{zz,k|k-1}^{(i)} \left( \boldsymbol{S}_{zz,k|k-1}^{(i)} \right)^{\mathrm{T}} \right]^{-1} \tag{4.51}$$

利用路标特征的测量值 $\boldsymbol{z}_k$，计算机器人位姿状态后验估计均值和协方差矩阵平方根因子：

$$\hat{\boldsymbol{x}}_k^{(i)} = \hat{\boldsymbol{x}}_{k|k-1}^{(i)} + \boldsymbol{K}_k^{(i)}(\boldsymbol{z}_k - \hat{\boldsymbol{z}}_k^{(i)}) \tag{4.52}$$

$$\boldsymbol{S}_k^{(i)} = \mathrm{cholupdate}\left( \boldsymbol{S}_{k|k-1}^{(i)}, \boldsymbol{K}_k^{(i)} \boldsymbol{S}_{zz,k|k-1}^{(i)} \right) \tag{4.53}$$

其中，当给定矩阵 $\boldsymbol{A}$ 的平方根因子时，$\mathrm{cholupdate}(\cdot)$ 函数可以高效地计算 $\boldsymbol{A} + \boldsymbol{X}\boldsymbol{X}^{\mathrm{T}}$ 的平方根因子。当同一时刻有多个已知的路标特征被成功观测时，式（4.46）~式（4.53）需要重复计算多次，得到最终的机器人位姿状态估计均值和协方差矩阵平方根因子。

由式（4.52）和式（4.53）的结果作为粒子提议分布的统计量，并据此生成新一代的粒子：

$$\boldsymbol{x}_k^{(i)} \sim \mathcal{N}\left( \boldsymbol{x}_k; \hat{\boldsymbol{x}}_k^{(i)}, \boldsymbol{S}_k^{(i)}(\boldsymbol{S}_k^{(i)})^{\mathrm{T}} \right) \tag{4.54}$$

### 4.5.2 环境特征地图创建

环境特征地图创建过程由两个部分组成：新特征位置状态初始化和已知特征位置状态更新。在新特征状态初始化阶段，假设机器人所在环境为二维平面，采用平方根 CKF 对其位置状态进行估计。假设新特征的测量值为$\boldsymbol{z}_k$，新特征测量值在传入非线性函数$h^{-1}(\cdot)$之前及之后的容积点分别为

$$\boldsymbol{\eta}_k^{(i)} = \left\{ \boldsymbol{\eta}_k^{(i)(j)} \right\}_{j=1}^{2n_z} = \left\{ \boldsymbol{z}_k + \boldsymbol{S}_{R,k} \boldsymbol{\xi}_j \right\}_{j=1}^{2n_z} \tag{4.55}$$

$$H_{k|k-1}^{(i)(j)} = h^{-1}(\boldsymbol{x}_k^{(i)}, \boldsymbol{\eta}_k^{(i)(j)}), \quad j = 1, 2, \cdots, 2n_z \tag{4.56}$$

其中，$n_z = \dim(\boldsymbol{z}_n)$为测量值的维度，$\boldsymbol{x}_k^{(i)}$为当前时刻第$i$个机器人位姿状态的粒子。此外，$h^{-1}(\cdot)$表示测量函数的逆函数，用来将测量值反向转换为二维空间的坐标值。

计算新特征对应的位置状态估计均值和协方差矩阵平方根因子：

$$\hat{\boldsymbol{\mu}}_{l,k|k-1}^{(i)} = \frac{1}{2n_z} \sum_{j=1}^{2n_z} H_{k|k-1}^{(i)(j)} \tag{4.57}$$

$$\boldsymbol{S}_{l,k}^{(i)} = \mathrm{qr}(\boldsymbol{\Pi}_{n,k}) \tag{4.58}$$

其中，$\boldsymbol{\Pi}_{n,k}$定义为以下加权中心偏差矩阵：

$$\boldsymbol{\Pi}_{n,k} = \frac{1}{\sqrt{2n_z}} \left[ H_{k|k-1}^{(i)(1)} - \hat{\boldsymbol{\mu}}_{l,k|k-1}^{(i)}, \cdots, H_{k|k-1}^{(i)(2n_z)} - \hat{\boldsymbol{\mu}}_{l,k|k-1}^{(i)} \right] \tag{4.59}$$

当同一时刻有多个未知新特征被观测到时，对每一个新特征均按照式（4.55）~式（4.59）计算其位置状态均值和协方差矩阵平方根因子。

在已知特征位置状态更新阶段，对于每一个已知路标特征，根据其先验状态均值和协方差矩阵平方根因子生成如下容积点：

$$\boldsymbol{\lambda}_{k|k-1}^{(i)} = \left\{ \boldsymbol{\lambda}_{k|k-1}^{(i)(j)} \right\}_{j=1}^{2n_z} = \left\{ \hat{\boldsymbol{\mu}}_{l,k-1}^{(i)} + \boldsymbol{S}_{l,k-1}^{(i)} \boldsymbol{\xi}_j \right\}_{j=1}^{2n_z} \tag{4.60}$$

$$\boldsymbol{\Lambda}_{k|k-1}^{(i)(j)} = h(\boldsymbol{x}_k^{(i)}, \boldsymbol{\lambda}_{k|k-1}^{(i)(j)}), \quad j = 1, 2, \cdots, 2n_z \tag{4.61}$$

其中，$\boldsymbol{x}_k^{(i)}$为$k$时刻第$i$个粒子的机器人位姿状态。

计算已知特征预测测量均值和协方差矩阵平方根因子：

$$\hat{\boldsymbol{z}}_{k|k-1}^{(i)} = \frac{1}{2n_z} \sum_{j=1}^{2n_z} \boldsymbol{\Lambda}_{k|k-1}^{(i)(j)} \tag{4.62}$$

$$\boldsymbol{S}_{zz,k|k-1}^{(i)} = \mathrm{qr}\left(\boldsymbol{\Pi}_{z,k}\right) \tag{4.63}$$

其中，$\boldsymbol{\Pi}_{z,k}$ 定义为以下加权中心偏差矩阵：

$$\boldsymbol{\Pi}_{z,k} = \frac{1}{\sqrt{2n_z}} \left[\boldsymbol{\Lambda}_{k|k-1}^{(i)(1)} - \hat{\boldsymbol{z}}_{k|k-1}^{(i)}, \cdots, \boldsymbol{\Lambda}_{k|k-1}^{(i)(2n_z)} - \hat{\boldsymbol{z}}_{k|k-1}^{(i)}\right] \tag{4.64}$$

计算已知特征的交叉协方差矩阵：

$$\boldsymbol{P}_{xz,k|k-1}^{(i)} = \sum_{j=1}^{2n_z} \frac{1}{\sqrt{2n_z}} (\boldsymbol{\Lambda}_{k|k-1}^{(i)(j)} - \hat{\boldsymbol{x}}_{k|k-1}^{(i)})(\boldsymbol{\Lambda}_{k|k-1}^{(i)(j)} - \hat{\boldsymbol{z}}_{k|k-1}^{(i)}) \tag{4.65}$$

计算卡尔曼增益：

$$\boldsymbol{K}_{\mu,k}^{(i)} = \boldsymbol{P}_{xz,k|k-1}^{(i)} \left[\boldsymbol{S}_{zz,k|k-1}^{(i)}(\boldsymbol{S}_{zz,k|k-1}^{(i)})^{\mathrm{T}}\right]^{-1} \tag{4.66}$$

利用路标特征的测量值 $\boldsymbol{z}_k$，计算该路标特征的状态后验估计均值和协方差矩阵平方根因子：

$$\hat{\boldsymbol{\mu}}_{l,k}^{(i)} = \hat{\boldsymbol{\mu}}_{l,k-1}^{(i)} + \boldsymbol{K}_{\mu,k}^{(i)}(\boldsymbol{z}_k - \hat{\boldsymbol{z}}_{k|k-1}^{(i)}) \tag{4.67}$$

$$\boldsymbol{S}_{l,k}^{(i)} = \mathrm{cholupdate}\left(\boldsymbol{S}_{k|k-1}^{(i)}, \boldsymbol{K}_{\mu,k}^{(i)}\boldsymbol{S}_{zz,k|k-1}^{(i)}\right) \tag{4.68}$$

### 4.5.3 粒子重要性权值计算及自适应粒子重采样

在计算每个粒子的重要性权值时，需要对所有当前时刻被观测到的已知特征对应的测量值进行处理，粒子的重要性权值表示为多个高斯概率密度函数的乘积形式：

$$w_k^{(i)} = \prod_{l=1}^{L} \left\{ \det(2\boldsymbol{\pi}\boldsymbol{P}_{l,zz}^{(i)})^{-\frac{1}{2}} \exp\left[-\frac{1}{2}(\boldsymbol{z}_{l,k} - \hat{\boldsymbol{z}}_{l,k}^{(i)})^{\mathrm{T}} \boldsymbol{P}_{l,zz}^{(i)}(\boldsymbol{z}_{l,k} - \hat{\boldsymbol{z}}_{l,k}^{(i)})\right] \right\} \tag{4.69}$$

其中，$\det(\cdot)$ 表示矩阵行列式运算，$L$ 表示被观测到的已知特征的个数，$\boldsymbol{P}_{l,zz}^{(i)} = \boldsymbol{S}_{l,zz}^{(i)}(\boldsymbol{S}_{l,zz}^{(i)})^{\mathrm{T}}$ 为第 $l$ 个已知特征对应的测量预测协方差。

粒子重采样的目的是将粒子导向状态空间的高似然概率区域。为了避免出现粒子退化现象，Doucet 等人[56]提出仅当有效粒子个数小于阈值$N_{ethr}$时才执行粒子重采样操作。为了进一步确定最少所需粒子个数，本章将基于 KL 散度的自适应粒子重采样方法应用到 FastSLAM 算法框架中。

一般地，机器人位姿状态的真实后验概率分布$p(\boldsymbol{x}_k)$与其基于粒子的近似分布$q(\boldsymbol{x}_k)$之间的 KL 散度定义如下：

$$\text{KLD}(p(\boldsymbol{x}_k)\|q(\boldsymbol{x}_k)) = -\int p(\boldsymbol{x}_k) \log \frac{q(\boldsymbol{x}_k)}{p(\boldsymbol{x}_k)} \mathrm{d}\boldsymbol{x}_k \qquad (4.70)$$

每当有新的粒子被重采样时，为了使 KL 散度以概率$1-\sigma$小于上限值，最少所需粒子个数$N_k$根据下式计算：

$$N_k = \frac{B-1}{2e}\left[1 - \frac{2}{9(B-1)} + \sqrt{\frac{2}{9(B-1)}Z_{1-\sigma}}\right]^3 \qquad (4.71)$$

其中，$B$表示非空子空间的个数，$Z_{1-\sigma}$表示标准正态分布的$1-\sigma$上分位点。

基于 KL 散度的自适应粒子重采样的具体过程见算法 4.1 描述。

---

**算法 4.1：自适应重采样算法**

---

**输入**：临时粒子集$\Theta_{\text{tmp}}$，误差界限$[e, \sigma]$，最大粒子数$N_{\max}$，
　　　　子空间划分单位大小$\Delta$
**输出**：重采样后的粒子集$\Theta_k$
参数初始化：$n = 0$，$B = 0$，$N_k = 0$
**do** $\Theta_{k-1}$中的每个粒子 **do**
　根据粒子重要性权值从$\Theta_{\text{tmp}}$中随机选择一个粒子；
　更新已被重采样粒子个数$n := n+1$；
　**if** 被选粒子对应的机器人位姿状态落入空$b$子空间 **do**
　　更新当前非空子空间总数$B := B+1$；
　　将$b$子空间置为非空$b :=$ non-empty；
　　根据式（4.71）计算所需粒子个数$N_k$；
　**end if**
**while**（$n < N_k$或$n < N_{\max}$）
将重采样后的粒子进行权值归一化操作$w_k = 1/N_k$。

---

在上述自适应重采样中，首先根据重要性权值确定选择每个粒子的概率，然后判断每个被选粒子对应的状态值是否落入某个空子空间。考虑到实际计算量的问题，只对每个粒子对应的机器人位姿状态进行子空间划分与个数统计。

当被重采样的粒子总数超过所需个数或者预设的最大值时,此次重采样过程结束。最后,将所有被重采样的粒子对应的权值做归一化处理,转入下一轮粒子滤波过程。

综上所述,本章所提的基于自适应粒子重采样的 UFastSLAM 算法(以下简称为 AFastSLAM 算法,流程如图 4.2 所示)归纳见算法 4.2。

---

**算法 4.2: AFastSLAM 算法**

---

**输入**: 上一时刻的粒子集 $\boldsymbol{\Theta}_{k-1}$,当前时刻的控制输入 $\boldsymbol{u}_k$ 和路标特征测量值 $\boldsymbol{z}_k$

**输出**: 新的粒子集 $\boldsymbol{\Theta}_k$

粒子初始化: $\boldsymbol{\Theta}_{\mathrm{tmp}} = \boldsymbol{\Theta}_k = \varnothing$

**for** $\boldsymbol{\Theta}_{k-1}$ 中的每个粒子 **do**

  根据式(4.40)~式(4.44),计算机器人位姿状态的预测值;

  **for** 所有路标特征测量值 **do**

    执行本书 2.3 节中介绍的数据关联算法;

  **end for**

  **for** 已知特征的测量值 **do**

    根据式(4.46)~式(4.53),计算机器人位姿状态的后验估计值;

    计算粒子提议分布 $\mathcal{N}(\boldsymbol{x}_k^{(i)}; \hat{\boldsymbol{x}}_k^{(i)}, \boldsymbol{S}_k^{(i)}(\boldsymbol{S}_k^{(i)})^{\mathrm{T}})$;

  **end for**

  根据提议分布生成新粒子,并根据式(4.69)计算其权值;

  **for** 新特征的测量值 **do**

    根据式(4.55)~式(4.61),计算新特征的位置状态估计值;

  **end for**

  **for** 已知特征的测量值 **do**

    根据式(4.62)~式(4.68),计算已知特征的后验状态估计值;

  **end for**

  将该新粒子样本加入到临时粒子集 $\boldsymbol{\Theta}_{\mathrm{tmp}}$;

**end for**

**if** 有效粒子个数小于 $N_{\mathrm{ethr}}$ **do**

  按照算法 4.1 对临时粒子集 $\boldsymbol{\Theta}_{\mathrm{tmp}}$ 执行自适应粒子重采样操作;

**end if**

返回 $\boldsymbol{\Theta}_k$。

---

### 4.5.4 算法计算复杂度分析

为分析 AFastSLAM 算法的计算复杂度,需要全面考虑算法中的所有步骤,包括粒子提议分布估计、粒子重要性权值计算、路标特征状态更新以及自适应粒子重采样。其中，在自适应粒子重采样步骤中，求取 KL 散度的计算复杂度与粒子个数成线性关系。假设粒子个数为 $\overline{N}$，路标特征个数为 $L$，那么粒子提议分布估计、粒子重要性权值计算以及路标特征状态更新的计算复杂度均为 $O(\overline{N}L)$，而自适应粒子重采样的计算复杂度则为 $O(\overline{N}\log L)$。由式（4.71）可知，重采样过程中实际采用的粒子个数随位姿状态估计的不确定度而动态变化，并且当不确定度较小时算法的计算复杂度较低。因而，当机器人多次沿着同一路径对路标特征进行观测或者机器人能够重新观测到大量路标特征时，本章所提的 AFastSLAM 算法相对于基于固定粒子个数的 FastSLAM 算法在计算效率上将更具优势。

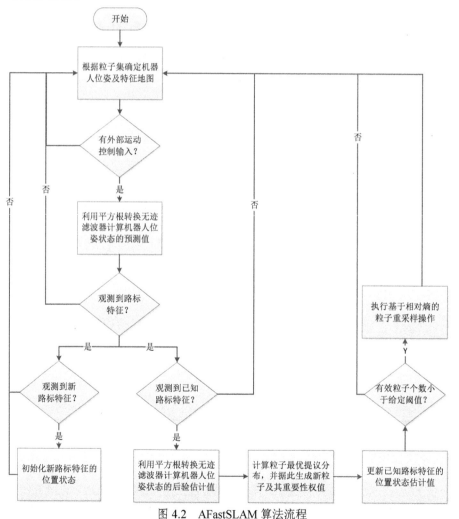

图 4.2　AFastSLAM 算法流程

## 4.6 数值仿真实验与结果分析

本章实验部分分别采用数值仿真和维多利亚公园（Victoria Park）标准数据集对本章所提算法的性能进行了验证。为了对比分析本章所提算法的优势，同时在 Matlab 平台下实现包括本章所提算法在内的四种算法，即 AFastSLAM、FastSLAM2.0、UFastSLAM 和 CFastSLAM。用于实验的软件平台为 Matlab R2012a，计算机硬件配置为：2.9GHz Intel（R）Core i7-3520M CPU，4.0 GB DDR3 RAM。

### 4.6.1 仿真实验结果

本章数值仿真采用与第三章中相同的环境地图、机器人运动模型和传感器测量模型。主要实验参数设置如下：运动控制噪声 $\delta_V$ 为 0.3 m/s，$\delta_G$ 为 2°；传感器测量噪声 $\delta_r$ 为 0.2 m，$\delta_\vartheta$ 为 5°；粒子滤波器中的初始粒子数量为 100 个。对于 AFastSLAM 算法，其 KLD-重采样参数设置为：误差上限 $e$ 为 0.15，卡方分布分位点 $\sigma$ 为 0.01，最大允许粒子个数 $N_{max}$ 为 200，子空间划分分辨率为 $\Delta = [0.1, 0.1, 0.025]$。此外，为了避免错误的数据关联结果对评估 SLAM 算法性能造成干扰影响，假设测量值与特征地图之间的数据关联完全正确已知。

如图 4.3 所示，实线和星号分别表示真实的机器人运动轨迹和路标特征的空间位置，虚线和圆点分别表示运行 AFastSLAM 算法后估计的机器人运动轨迹和路标特征的空间位置。可以看出，AFastSLAM 算法能够有效地对机器人位姿以及路标特征位置进行精确估计。

对所有算法均运行 20 次蒙特卡罗试验后，不同算法关于机器人空间位置和航向角的估计均方根误差对比如图 4.4 和图 4.5 所示。从结果中可以看出，UFastSLAM 算法和 CFastSLAM 算法取得了相似的估计精度，两者均优于原始的 FastSLAM 2.0 算法。这说明采用 Sigma 点滤波器来计算机器人位姿的粒子提议分布，相比于扩展卡尔曼滤波器 EKF 可以更加精确地逼近状态值的真实分布。本章所提的 AFastSLAM 算法在 UFastSLAM 算法和 CFastSLAM 算法的基础上进一步降低了估计误差，其空间位置估计的最大误差小于 0.8 m，航向角估计的最大误差小于 0.7°。主要原因在于：本章算法基于平方根转换无迹卡尔曼滤波器（SRTUKF）来计算粒子的提议分布，从而提高算法的数值稳定性和估计精度，同时在粒子重采样过程中产生足够多的粒子来保证算法的估计精度。

图 4.6 描述了不同算法对特征地图的估计结果对比，其中横轴代表算法名称，纵轴表示对所有路标特征的估计均方根误差再次求平均值后的数值，每个柱状图上的垂直线段表示对应算法的估计标准差。图 4.6 的结果表明，AFastSLAM 算法对于路标特征空间位置的估计精度要优于其他算法，并且估计值的不确定范围也相对较小。

图 4.7 展示了不同算法在粒子重要性重采样步骤后粒子数目的变化过程，除 AFastSLAM 算法之外的其余算法由于均采用固定粒子数目的粒子采样策略，整个过程中粒子的个数保持 100 个不变。本书所提的 AFastSLAM 算法在粒子重采样后，平均粒子个数随时间变化而产生动态变化，对所有时刻的粒子个数求平均值后约为 92 个。从图 4.7 中可以看出，AFastSLAM 算法的粒子个数在刚开始的 5 秒内从 100 个快速减少至 42 个左右，这是由于机器人初始的估计不确定度相对较小，此时只需要采用较少的粒子就可以保证算法的估计精度。

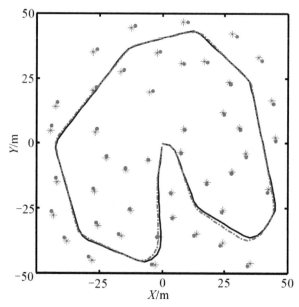

图 4.3　运行 AFastSLAM 算法的数值仿真结果

注：*表示真实路标位置，·表示路标位置估计。

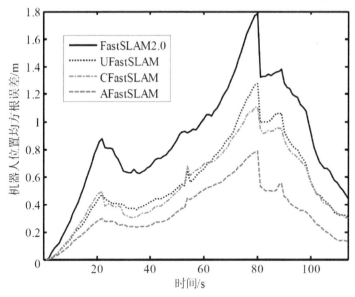

图 4.4　不同算法的机器人位置估计均方根误差对比

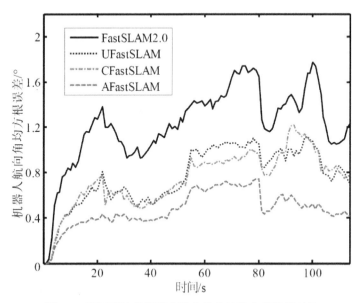

图 4.5　不同算法的机器人航向角估计均方根误差对比

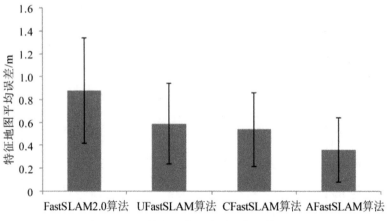

图 4.6　不同算法的特征地图平均误差对比

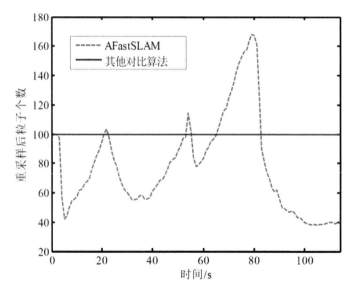

图 4.7　不同算法粒子重采样步骤后粒子个数对比

为了进一步检验 AFastSLAM 算法中粒子个数与估计不确定度之间的关系，在图 4.8 中展示了机器人 $x$ 坐标和 $y$ 坐标上估计标准差的变化过程。对比图 4.7 和图 4.8 可以发现，当机器人位姿状态的估计标准差较大时，对应的粒子个数也相应增加，例如在 80 秒时估计标准差达到了峰值，此时粒子个数约为 170；当机器人返回到出发点处形成一个闭环时，粒子个数下降到 40 左右。由于闭环提供的测量信息有助于提高状态估计的准确度，所以可以预见，在大规模多闭环的环境下，AFastSLAM 算法相比于其他基于固定粒子数目采样的算法能获得更高的计算效率。

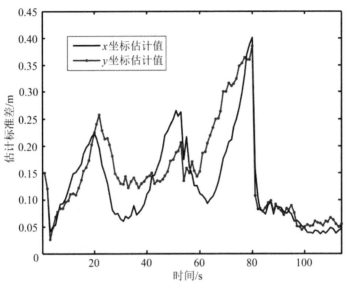

图 4.8　机器人 $x$ 和 $y$ 坐标的估计标准差

表 4.1 列出了 UFastSLAM 算法、CFastSLAM 算法和 AFastSLAM 算法的平均单次蒙特卡罗试验的运行时间。从表中可以看出，由于利用 CKF 转换非线性函数时采用的 Sigma 点个数要少于 UKF，并且其所有 Sigma 点的权值计算更为简单，因而 CFastSLAM 算法的运行时间相对于 UFastSLAM 算法有所减少。另外，AFastSLAM 算法的运行时间为三者中最少，这是因为其在大部分的时间里使用了较少的粒子个数对状态进行估计。同时，由于 AFastSLAM 算法采用了协方差平方根的方式对状态后验协方差进行传播，也在一定程度上减少了算法的运行时间。不过需要指出的是，在噪声不确定度较大的环境下，AFastSLAM 算法需要采用较多的粒子个数来保证必要的估计精度，其运行时间也将相应显著增加。

表 4.1　算法运行时间比较

| 序号 | SLAM 算法名称 | 平均单次运行时间/s |
| :---: | :---: | :---: |
| 1 | UFastSLAM | 22.9 |
| 2 | CFastSLAM | 21.5 |
| 3 | AFastSLAM | 19.6 |

### 4.6.2 实际数据集实验结果

Victoria Park 标准数据集[57]是由澳大利亚野外机器人中心（Australian Centre for Field Robotics，ACFR）提供，被研究者们广泛应用于 SLAM 算法在实际环境下的有效性验证和性能评估工具。如图 4.9 所示为 ACFR 研究团队采用的移动测试平台，该平台配置了激光测距仪、车轮里程计和 GPS 定位系统等设备，在大约半个小时内行驶了 4km。其中，激光测距仪用于提供路标特征（公园中的树木）的观测信息，车轮里程计用于提供车辆的线速度和航向角信息，GPS 定位系统用于提供参考的车辆空间位置信息。该数据集中共包含了 58736 个特征测量数据点、61945 个运动控制输入数据点，以及 4466 个 GPS 数据点。在图 4.10 中，不连续的线段表示车辆的真实 GPS 轨迹。由于公园内的树木分布相对于车辆的行驶轨迹长度而言较为稀疏，也就是说路标特征的显著性较好，因而实验中用于对比的 SLAM 算法均采用简单的最近邻匹配法作为数据关联算法。

图 4.9　ACFR 研究团队采用的移动测试平台

图 4.10 Victoria Park 数据集中车辆真实 GPS 轨迹

在本实验中，将车辆的运动控制噪声设置为 $\delta_V$ 为 2 m/s，$\delta_G$ 为 6°；激光测距仪的观测噪声设置 $\delta_r$ 为 1 m，$\delta_\vartheta$ 为 3°；粒子滤波器的初始粒子个数为 10；KL 散度重采样方法中的参数 $e$ 为 0.15，$\sigma$ 为 0.05，$\boldsymbol{\Delta} = [1.0, 1.0, 0.05]$ 以及 $N_{\max}$ 为 20。由于 FastSLAM2.0 算法以及 UFastSLAM 算法的性能已被证实不如 CFastSLAM 算法[58]，实验中只将 CFastSLAM 算法和本章所提 AFastSLAM 算法进行对比。

图 4.11 和图 4.12 分别对应于 CFastSLAM 算法和 AFastSLAM 算法的实验结果，圆点（·）表示 GPS 点，连续细曲线为经过平滑和坐标配准后的车辆估计轨迹，星号（*）表示路标特征空间位置。在图中方形框处，可以很明显地看出 AFastSLAM 算法获得了与真实 GPS 轨迹更为接近的估计结果。

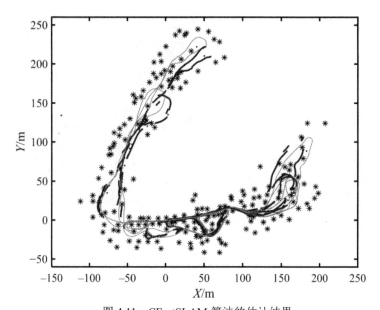

图 4.11　CFastSLAM 算法的估计结果

注：·表示 GPS 点，-表示算法估计轨迹，∗表示算法估计路标位置。

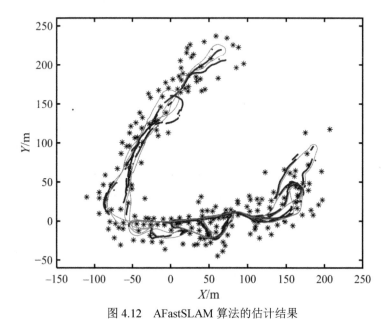

图 4.12　AFastSLAM 算法的估计结果

注：·表示 GPS 点，-表示算法估计轨迹，∗表示算法估计路标位置。

# 参考文献

[1] Montemerlo M, Thrun S, Koller D, et al. FastSLAM: A Factored Solution to the Simultaneous Localization and Mapping Problem[C]. Edmonton, Alta., Canada: National Conference on Artificial Intelligence, 2002: 593-598.

[2] Montemerlo M, Thrun S, Roller D, et al. FastSLAM 2.0: An Improved Particle Filtering Algorithm for Simultaneous Localization and Mapping That Provably Converges[C]. Acapulco, Mexico: International Joint Conferences on Artificial Intelligence, 2003: 1151-1156.

[3] Kim C, Sakthivel R, Chung W K. Unscented FastSLAM: a robust and efficient solution to the SLAM problem[J]. IEEE Transactions on Robotics, 2008, 24(4): 808-820.

[4] Song Y, Li Q, Kang Y, et al. Effective cubature FastSLAM: SLAM with Rao-Blackwellized particle filter and cubature rule for Gaussian weighted integral[J]. Advanced Robotics, 2013, 27(17): 1301-1312.

[5] Julier S J, Uhlmann J K. Unscented filtering and nonlinear estimation[J]. Proceedings of the IEEE, 2004, 92(3): 401-422.

[6] Julier S J. The Scaled Unscented Transformation[C]. Anchorage, AK, United States: Proceedings of the 2002 American Control Conference, 2002, 6: 4555-4559.

[7] Quine B M. A derivative-free implementation of the extended Kalman filter[J]. Automatica, 2006, 42(11): 1927-1934.

[8] Van Der Merwe R. Sigma-Point Kalman Filters for Probabilistic Inference in Dynamic State-Space Models[M]. Portland, OR, United States: Oregon Health & Science University, 2004.

[9] Chang L, Hu B, Li A, et al. Transformed unscented Kalman filter[J]. IEEE Transactions on Automatic Control, 2012, 58(1): 252-257.

[10] Fox D. KLD-sampling: adaptive particle filters[J]. Advances in Neural Information Processing Systems, 2001, 14.

[11] Zhu J H, Zheng N N, Yuan Z J, et al. Adaptive SLAM algorithm with sampling based on state uncertainty[J]. Electronics Letters, 2011, 47(4): 284-286.

[12] Li T, Sun S, Sattar T P. Adapting sample size in particle filters through KLD-resampling[J]. Electronics Letters, 2013, 49(12): 740-742.

[13] Liu J S, Liu J S. Monte Carlo Strategies in Scientific Computing[M]. New York, United States: Springer, 2001.

[14] Doucet A, De Freitas N, Gordon N. An introduction to sequential Monte Carlo methods[J]. Sequential Monte Carlo Methods in Practice, 2001: 3-14.

[15] Kong A, Liu J S, Wong W H. Sequential imputations and Bayesian missing data problems[J]. Journal of the American Statistical Association, 1994, 89(425): 278-288.

[16] Liu J S, Chen R. Blind deconvolution via sequential imputations[J]. Journal of the American Statistical Association, 1995, 90(430): 567-576.

[17] Ristic B, Arulampalam S, Gordon N. Beyond the Kalman Filter: Particle Filters for Tracking Applications[M]. Boston, United States: Artech House, 2003.

[18] Chen R, Liu J S. Mixture kalman filters[J]. Journal of the Royal Statistical Society: Series B (Statistical Methodology), 2000, 62(3): 493-508.

[19] 李天成, 范红旗, 孙树栋. 粒子滤波理论、方法及其在多目标跟踪中的应用[J]. 自动化学报, 2015, 41(12): 1981-2002.

[20] Li T, Sun S, Sattar T P, et al. Fight sample degeneracy and impoverishment in particle filters: a review of intelligent approaches[J]. Expert Systems with Applications, 2014, 41(8): 3944-3954.

[21] Pitt M K, Shephard N. Filtering via simulation: auxiliary particle filters[J]. Journal of the American Statistical Association, 1999, 94(446): 590-599.

[22] Ito K, Xiong K. Gaussian filters for nonlinear filtering problems[J]. IEEE Transactions on Automatic Control, 2000, 45(5): 910-927.

[23] Rui Y, Chen Y. Better Proposal Distributions: Object Tracking Using Unscented Particle Filter[C]. Kauai, HI, United States: IEEE Computer Society Conference on Computer Vision and Pattern Recognition, 2001: II786-II793.

[24] Yang T, Mehta P G, Meyn S P. Feedback particle filter[J]. IEEE Transactions on Automatic Control, 2013, 58(10): 2465-2480.

[25] Hol J D, Schon T B, Gustafsson F. On Resampling Algorithms for Particle Filters[C]. Cambridge, United Kingdom: IEEE Nonlinear Statistical Signal Processing Workshop, 2006: 79-82.

[26] Carpenter J, Clifford P, Fearnhead P. Improved particle filter for nonlinear problems[J]. IEE Proceedings-Radar, Sonar and Navigation, 1999, 146(1): 2-7.

[27] Kitagawa G. Monte Carlo filter and smoother for non-Gaussian nonlinear state space models[J]. Journal of Computational and Graphical Statistics, 1996, 5(1): 1-25.

[28] Liu J S, Chen R. Sequential Monte Carlo methods for dynamic systems[J]. Journal of the American Statistical Association, 1998, 93(443): 1032-1044.

[29] Crisan D, Lyons T. A particle approximation of the solution of the Kushner-Stratonovitch equation[J]. Probability Theory and Related Fields, 1999, 115: 549-578.

[30] Murray L M, Lee A, Jacob P E. Parallel resampling in the particle filter[J]. Journal of Computational and Graphical Statistics, 2016, 25(3): 789-805.

[31] Dülger Ö, Oğuztüzün H, Demirekler M. Memory coalescing implementation of metropolis resampling on graphics processing unit[J]. Journal of Signal Processing Systems, 2018, 90: 433-447.

[32] Li T, Sattar T P, Han Q, et al. Roughening Methods to Prevent Sample Impoverishment in the Particle PHD Filter[C]. Istanbul, Turkey: International Conference of Information Fusion, 2013: 17-22.

[33] Maggio E, Cavallaro A. Hybrid particle filter and mean shift tracker with adaptive transition model[C]. Philadelphia, PA, United States: IEEE International Conference on Acoustics, Speech, and Signal Processing, 2005, II221-II224.

[34] Arulampalam M S, Maskell S, Gordon N, et al. A tutorial on particle filters for online nonlinear/non-Gaussian Bayesian tracking[J]. IEEE Transactions on

Signal Processing, 2002, 50(2): 174-188.

[35] Hastings W K. Monte Carlo sampling methods using Markov chains and their applications[J]. Biometrika, 1970(1): 97-109.

[36] Musso C, Oudjane N, Le Gland F. Improving regularised particle filters[J]. Statistics for Engineering & Information Science, 2001, 247-271.

[37] Larose D T. Data Mining Methods and Models[M]. New York, United States: John Wiley & Sons, 2006.

[38] Yin S, Zhu X. Intelligent particle filter and its application to fault detection of nonlinear system[J]. IEEE Transactions on Industrial Electronics, 2015, 62(6): 3852-3861.

[39] Park S, Hwang J P, Kim E, et al. A new evolutionary particle filter for the prevention of sample impoverishment[J]. IEEE Transactions on Evolutionary Computation, 2009, 13(4): 801-809.

[40] Zhang Y, Wang S, Li J. Improved particle filtering techniques based on generalized interactive genetic algorithm[J]. Journal of Systems Engineering and Electronics, 2016, 27(1): 242-250.

[41] Yin S, Zhu X, Qiu J, et al. State estimation in nonlinear system using sequential evolutionary filter[J]. IEEE Transactions on Industrial Electronics, 2016, 63(6): 3786-3794.

[42] Rada-Vilela J, Zhang M, Johnston M. Resampling in Particle Swarm Optimization[C]. Cancun, Mexico: IEEE Congress on Evolutionary Computation, 2013: 947-954.

[43] Zhong J, Fung Y F. Case study and proofs of ant colony optimisation improved particle filter algorithm[J]. IET Control Theory & Applications, 2012, 6(5): 689-697.

[44] Narayana M, Nenavath H, Chavan S, et al. Intelligent visual object tracking with particle filter based on modified grey wolf optimizer[J]. Optik, 2019, 193: 162913.

[45] Hussain M, Jenkins W K. Effectiveness of the Bio-inspired Firefly Algorithm

in Adaptive Signal Processing for Nonlinear Systems[C]. Sapporo, Japan: IEEE International Symposium on Circuits and Systems, 2019: 1-4.

[46] Kuptametee C, Aunsri N. A review of resampling techniques in particle filtering framework[J]. Measurement, 2022: 110836.

[47] Li T, Bolic M, Djuric P M. Resampling methods for particle filtering: classification, implementation, and strategies[J]. IEEE Signal Processing Magazine, 2015, 32(3): 70-86.

[48] Smidl V Á, Quinn A. Variational bayesian filtering[J]. IEEE Transactions on Signal Processing, 2008, 56(10): 5020-5030.

[49] Li T, Sun S, Corchado J M, et al. Numerical fitting-based likelihood calculation to speed up the particle filter[J]. International Journal of Adaptive Control and Signal Processing, 2016, 30(11): 1583-1602.

[50] Fearnhead P, Liu Z. On-line inference for multiple changepoint problems[J]. Journal of the Royal Statistical Society: Series B (Statistical Methodology), 2007, 69(4): 589-605.

[51] Fox D. Adapting the sample size in particle filters through KLD-sampling[J]. The International Journal of Robotics Research, 2003, 22(12): 985-1003.

[52] Elvira V, Míguez J, Djurić P M. Adapting the number of particles in sequential Monte Carlo methods through an online scheme for convergence assessment[J]. IEEE Transactions on Signal Processing, 2016, 65(7): 1781-1794.

[53] Hassan W, Bangalore N, Birch P, et al. An adaptive sample count particle filter[J]. Computer Vision and Image Understanding, 2012, 116(12): 1208-1222.

[54] Lopez F, Zhang L, Mok A, et al. Particle filtering on GPU architectures for manufacturing applications[J]. Computers in Industry, 2015, 71: 116-127.

[55] Fox D. Adapting the sample size in particle filters through KLD-sampling[J]. The International Journal of Robotics Research, 2003, 22(12): 985-1003.

[56] Doucet A, De Freitas N, Gordon N. Sequential Monte Carlo Methods in Practice[M]. New York, United States: Springer, 2001.

[57] Cadena C, Neira J. SLAM in O (log$n$) with the combined Kalman-information filter[J]. Robotics and Autonomous Systems, 2010, 58(11): 1207-1219.

[58] Song Y, Li Q, Kang Y, et al. Effective cubature FastSLAM: SLAM with Rao-Blackwellized particle filter and cubature rule for Gaussian weighted integral[J]. Advanced Robotics, 2013, 27(17): 1301-1312.

# 第5章 同时估计未知噪声方差的概率假设密度 SLAM 算法

## 5.1 引 言

移动机器人在实际环境中事先无法预知具体路标特征的个数,并且通过外部传感器对特征进行测量时往往存在漏检和虚假观测等诸多不确定因素,传统的基于随机向量的 SLAM 算法需要执行数据关联操作将观测值和地图后验估计值进行准确关联。近年来,Mullane 等人[1-6]利用随机有限集理论对 SLAM 问题进行建模,并提出了一系列基于概率假设密度滤波器的 SLAM 算法。在这些算法中,环境地图和传感器观测值均用单个随机有限集进行表示,数据关联和地图管理被隐式地融入概率假设密度滤波递推更新过程。概率假设密度滤波器在具体实现时,主要有两种不同的方法,即序贯蒙特卡罗表示法(SMC-PHD)[7-9]和高斯混合表示法(GM-PHD)[10]。由于 GM-PHD 算法不需要执行计算复杂度高的簇集运算,并且在高斯噪声模型条件下可以将各种高斯滤波器直接用于单个高斯分量的预测和更新,因而获得了比 SMC-PHD 算法更为广泛的应用。

传统的 GM-PHD 滤波器在状态估计过程中通常都假设系统噪声的先验统计信息是精确已知的,然而在很多实际应用场合中常常会存在噪声先验统计特性未知或者不准确的情况。GM-PHD 滤波器在噪声统计特性未知条件下容易发生估计偏差大、目标丢失和算法不收敛等结果。针对传统 GM-PHD 算法的上述问题,Li 和 Bar-Shalom[11]利用交互式多模型(interacting multiple model,

IMM）对未知的噪声统计信息进行自适应推断，但是不同模型之间的交互过程增加了 GM-PHD 算法的计算代价，影响了算法的实时性能。文献[12]采用 H ∞最优准则对未知的噪声方差进行实时同步估计，但是在 H∞估计算法中，通过最小化最差情况下的估计误差得到噪声信息的边界值，并将该边界值当作未知噪声方差的估计值，最终只能得到较为保守的估计结果。近年来，Sakka 和 Nummenmaa[13]针对未知高斯测量噪声统计特性下的系统状态估计问题，利用逆伽马分布、逆威沙特分布等对噪声协方差矩阵或者协方差矩阵的系数进行拟合，然后将变分贝叶斯（variational Bayesian methods，VB）估计方法[14]用于对模型参数的估计，实现了对未知噪声统计特性的自适应估计。一些研究者[15-18]进一步将变分贝叶斯近似方法与概率假设密度滤波器相结合，提出了对应的自适应 GM-PHD 滤波算法，并在多目标跟踪的应用环境中验证了算法的性能。

针对同时存在杂波干扰和未知测量噪声方差条件下机器人同时定位与地图创建问题，本章提出了一种基于变分贝叶斯近似的概率假设密度 SLAM 算法。该算法能够在对机器人位姿状态、特征地图大小及所有路标特征位置状态进行滤波估计的同时，利用逆伽马分布对未知高斯测量噪声的方差进行建模，并从统计推断角度给出了逆伽马分布的超参数的预测和更新方程，最后根据变分贝叶斯近似方法对测量噪声的协方差矩阵进行实时估计和修正。该算法在进行机器人位姿状态、特征地图大小及所有路标特征位置状态估计的同时，可以有效估计出高斯测量噪声的方差，从而增强了传统概率假设密度 SLAM 算法的实用性。

## 5.2　随机有限集统计学理论基础

### 5.2.1　随机有限集基本定义

马勒（Mahler）在 20 世纪 90 年代提出的随机有限集理论是集合论和概率论的结合体，利用随机有限集可以同时表示多目标跟踪问题中的目标数量和目标状态的不确定性。与随机向量不同，随机有限集是一个随机集值变量，它由数量不确定且彼此互斥的元素通过无序排列方式组成[4]。对于随机有限集的描述，一般是通过一个对称联合分布和一个势分布来表示。其中，对称联合分布用于描述集合中元素在其状态空间中的分布，而势分布用于描述集合中元素个数的分布。随机有限集的数学定义如下[19]。

给定向量空间 $\mathcal{X}$ 以及由其全体有限子集所构成的超空间 $\mathcal{F}(\mathcal{X})$，则随机有限集 $\boldsymbol{X} = \{\boldsymbol{x}_1, \boldsymbol{x}_2, \cdots, \boldsymbol{x}_n\}$ 为从样本空间 $\Omega$ 到 $\mathcal{F}(\mathcal{X})$ 的一个可测映射，具体表示如下：

$$\boldsymbol{X} : \Omega \longrightarrow \mathcal{F}(\mathcal{X}) \tag{5.1}$$

其中，$n = |\boldsymbol{X}|$ 表示集合中的元素个数或集合的势（cardinality），它是非负整数空间上的随机变量，用势分布 $\rho(n) = P(|\boldsymbol{X}| = n)$ 表示；样本空间的概率测度 $P$ 定义在事件 $\sigma(\Omega)$ 的 $\sigma$ 代数上，用来表示随机有限集的概率特性。

## 5.2.2 随机有限集的统计描述

马勒（Mahler）利用有限集统计学（finite set statistics，FISST）理论构造了基于随机有限集的多目标贝叶斯滤波框架，有效避免了传统多目标跟踪问题中复杂的数据关联运算。有限集统计学理论以随机有限集表示目标的状态变量和观测变量，以点过程来描述目标新生、衍生和消亡及观测产生过程，并分别构建杂波干扰、目标演变及观测过程概率模型。FISST 理论的核心是集合积分公式和集合求导公式。随机有限集的统计描述主要采用概率密度函数、信度质量函数和概率生成泛函三种形式。

1. 概率密度函数

在概率统计学中，连续型随机变量的概率密度函数是一个描述该随机变量的输出值在某个确定的取值点附近的可能性的函数。与此类似，随机有限集的概率密度函数是对随机有限集的一种重要的描述符，它包含了关于随机有限集中元素个数和状态的所有相关信息。由于状态空间 $\mathcal{X}$ 上的所有有限集的空间 $\mathcal{F}(\mathcal{X})$ 不满足欧式距离密度，因而空间 $\mathcal{F}(\mathcal{X})$ 的概率密度需要通过随机有限集或者点过程理论来获得。

随机有限集的概率密度函数有两种不同的定义，其中根据测度论推导得到的数学定义如下[20]。

给定向量空间$\mathcal{X}$上的一个随机有限集$\boldsymbol{X}$，关于参考测度$\mu$的概率密度函数$\pi(\boldsymbol{X})$满足

$$P(\boldsymbol{X} \in \mathcal{T}) = \int_{\mathcal{T}} \pi(\boldsymbol{X})\mu\mathrm{d}\boldsymbol{X} \tag{5.2}$$

其中，$\mathcal{T}$表示所有有限集的空间$\mathcal{F}(\mathcal{X})$上的任意一个子集。

随机有限集概率密度函数的另外一种定义称为 FISST 密度，它是根据 FISST 理论直接推导而来的，具体定义如下[21]：

给定向量空间$\mathcal{X}$上的一个随机有限集变量$\boldsymbol{X} = \{\boldsymbol{x}_1, \boldsymbol{x}_2, \cdots, \boldsymbol{x}_n\}$，其 FISST 密度可以唯一地由一个对称联合分布$p_n(\boldsymbol{x}_1, \boldsymbol{x}_2, \cdots, \boldsymbol{x}_n)$和势分布$\rho(n)$的组合来共同表示，即

$$p(\boldsymbol{X}) = n!\rho(n)p_n(\boldsymbol{x}_1, \boldsymbol{x}_2, \cdots, \boldsymbol{x}_n) \tag{5.3}$$

其中，$n!$为非负整数$n$的阶乘，表示联合分布中的所有排列。

上述两种定义下的概率密度函数是相互关联的，它们之间的转换关系如下[20]：

$$\pi(\boldsymbol{X}) = K^{|\boldsymbol{X}|}p(\boldsymbol{X}) \tag{5.4}$$

其中，$K$表示单位，$|\boldsymbol{X}|$表示随机有限集$\boldsymbol{X}$的势。

2. 信度质量函数

在概率统计学中，概率质量函数是用于表示离散型随机变量在各个特定取值上的概率大小。与此类似，随机有限集的信度质量函数（belief mass funciton，BMF）是随机变量概率质量函数在有限集上的推广，它是多目标贝叶斯估计模型中的核心所在。信度质量函数的数学定义如下[21]。

给定向量空间$\mathcal{X}$上的一个随机有限集$\boldsymbol{X}$，对于所有的闭集$\boldsymbol{S} \subseteq \mathcal{X}$，关于$\boldsymbol{X}$的信度质量函数为

$$\beta(\boldsymbol{S}) = p(\boldsymbol{X} \subseteq \boldsymbol{S}) \tag{5.5}$$

随机有限集的信度质量函数值定义在单目标运动空间和测量空间的封闭子集，它可用于描述分别由单目标运动模型和测量模型所构建的多目标运动模型和测量模型。FISST 理论通过构造集值积分和集值微分为信度质量函数提供

了 FISST 密度的概念。如式（5.6）所示，信度质量函数和 FISST 密度两者之间可以通过集合积分和集合求导操作实现互相转换：

$$
\begin{cases}
\int_{\boldsymbol{S}} p(\boldsymbol{X}) \delta \boldsymbol{X} = \beta(\boldsymbol{S}) \\[2mm]
p(\boldsymbol{X}) = \dfrac{\delta \beta}{\delta \boldsymbol{X}}(\boldsymbol{\emptyset})
\end{cases}
\tag{5.6}
$$

### 3. 概率生成泛函

在概率统计学中，概率生成函数是研究随机变量分布律的一个重要的分析工具。与此类似，随机有限集的概率生成泛函（probability generating functionals，PGFL）具有将原本复杂的数学问题转化为简单问题的作用，它本质上是离散随机变量中概率生成函数概念在随机有限集上的推广。对于给定的随机有限集 $\boldsymbol{X}$，其概率生成泛函定义如下[22]：

$$
G[h] = E[h^{\boldsymbol{X}}]
\tag{5.7}
$$

其中，$E[\cdot]$ 表示数学期望，$h$ 为向量空间 $\mathcal{X}$ 上的任意实值函数。当 $0 \leqslant h(x) \leqslant 1$ 时，函数 $h$ 的取值如下：

$$
h^{\boldsymbol{X}} = \begin{cases}
1, & \boldsymbol{X} = \emptyset \\
\Pi_{x \in \boldsymbol{X}} h(x), & \boldsymbol{X} \neq \emptyset
\end{cases}
\tag{5.8}
$$

### 5.2.3 常用的随机有限集

在基于随机有限集表示的 SLAM 算法框架中，环境路标的位置状态和其测量值通常会被表示成不同的泊松随机有限集。除了泊松随机有限集之外，其他常用的随机有限集还包括独立同分布的簇随机有限集、伯努利随机有限集、多伯努利随机有限集等，以下分别对它们进行简要介绍。

### 1. 泊松随机有限集

泊松随机有限集适合对缺少信息的目标跟踪环境进行建模，一般可用 $v(\boldsymbol{x})$ 表示它的概率假设密度或强度函数，它的势服从均值为 $N = \int v(\boldsymbol{x}) \mathrm{d}\boldsymbol{x}$ 的泊松分布。对于给定的势，泊松随机有限集中的元素是服从概率密度函数为 $p(\boldsymbol{x}) = v(\boldsymbol{x})/N$ 的独立同分布变量，其势分布可表示为：

$$\rho(n) = \frac{\exp(-\lambda)\lambda^n}{n!}, n = 0, 1, 2, \cdots \tag{5.9}$$

其中，$\lambda$ 表示单位时间（或单位面积）内随机事件的平均发生率。

泊松随机有限集的概率密度函数为：

$$\pi(\boldsymbol{X}) = \exp(-N)\prod_{i=1}^{n} v(\boldsymbol{x}_i) \tag{5.10}$$

泊松随机有限集的概率生成泛函为：

$$G[h] = \exp(\langle v, h-1 \rangle) \tag{5.11}$$

其中，$\langle \cdot, \cdot \rangle$ 表示内积运算，即 $\langle v, h \rangle = \int v(\boldsymbol{x})h(\boldsymbol{x})\mathrm{d}\boldsymbol{x}$。

2. 独立同分布的簇随机有限集

独立同分布的簇随机有限集由它的强度函数 $v(\cdot)$ 和势分布 $\rho(\cdot)$ 来共同描述。其中，势分布满足 $N = \sum_{n=0}^{\infty} n\rho(n)$。对于给定的势，随机有限集中的元素是服从概率密度函数为 $p(\boldsymbol{x}) = v(\boldsymbol{x})/N$ 的独立同分布变量。

独立同分布的簇随机有限集的概率密度：

$$\pi(\boldsymbol{X}) = n!\rho(n)\prod_{i=1}^{n} \frac{v(\boldsymbol{x}_i)}{N} \tag{5.12}$$

独立同分布的簇随机有限集的概率生成泛函：

$$G[h] = G_\rho(\langle v, h \rangle / N) \tag{5.13}$$

其中，$G_\rho(\cdot)$ 表示势分布的概率生成函数。

3. 伯努利随机有限集

伯努利随机有限集一般由它的存在概率 $r$ 及其概率密度 $p(\cdot)$ 来共同描述。伯努利随机有限集为空集的概率为 $1 - r$，包含且只包含一个元素的概率为 $r$，并且该元素的概率密度分布为 $p(\cdot)$。

伯努利随机有限集的概率密度函数可以表示为：

$$\pi(\boldsymbol{X}) = \begin{cases} 1 - r, & \boldsymbol{X} = \emptyset \\ rp(\boldsymbol{x}), & \boldsymbol{X} = \{\boldsymbol{x}\} \end{cases} \tag{5.14}$$

伯努利随机有限集的概率生成泛函为：

$$G[h] = 1 - r + r\langle p, h \rangle \tag{5.15}$$

4. 多伯努利随机有限集

多伯努利随机有限集是由多个独立伯努利随机有限集组成的并集形式,其中每个独立伯努利随机有限集 $\boldsymbol{X}_i$ 的存在概率和概率密度分别记为 $r_i$ 和 $p_i(\boldsymbol{X})$。多伯努利随机有限集 $\boldsymbol{X}$ 可表示如下:

$$\boldsymbol{X} = \bigcup_{i=1}^{M} \boldsymbol{X}_i \tag{5.16}$$

其中,$M$ 表示独立伯努利随机有限集的势。

对于多伯努利随机有限集 $\boldsymbol{X} = \{\boldsymbol{X}_1, \boldsymbol{X}_2, \cdots, \boldsymbol{X}_n\}$,其概率密度函数为:

$$\pi(\boldsymbol{X}) = \begin{cases} \prod_{j=1}^{M}(1-r_j), & n=0 \\ \left[\prod_{j=1}^{M}(1-r_j)\right]\sum_{1\leq i_1<\cdots<i_n\leq M}\prod_{j=1}^{n}\frac{r_{i_j}p_{i_j}(\boldsymbol{x}_j)}{1-r_{i_j}}, & n\leqslant M \\ 0, & n>M \end{cases} \tag{5.17}$$

多伯努利随机有限集的概率生成泛函为:

$$G[h] = \prod_{i=1}^{M}(1-r_i+r_i\langle p_i, h\rangle) \tag{5.18}$$

### 5.2.4 随机有限集贝叶斯滤波器

在随机有限集框架下,Mahlar 将多目标滤波表示为一个集值滤波问题,并利用集合微积分成功推导了基于随机有限集的多目标贝叶斯递归公式。根据 FISST 理论和贝叶斯定理,随机有限集贝叶斯递归滤波过程采用如下集值积分形式的预测方程和更新方程表示。

1. 预测方程(集值积分)

$$\pi_{k|k-1}(\boldsymbol{X}_k|\boldsymbol{Z}_{1:k-1}) = \int f_{k|k-1}(\boldsymbol{X}_k|\boldsymbol{X})\pi_{k-1}(\boldsymbol{X}|\boldsymbol{Z}_{1:k-1})\delta\boldsymbol{X} \tag{5.19}$$

2. 更新方程(集值积分)

$$\pi_k(\boldsymbol{X}_k|\boldsymbol{Z}_{1:k}) = \frac{g_k(\boldsymbol{Z}_k|\boldsymbol{X}_k)\pi_{k|k-1}(\boldsymbol{X}_k|\boldsymbol{Z}_{1:k-1})}{\int g_k(\boldsymbol{Z}_k|\boldsymbol{X})\pi_{k|k-1}(\boldsymbol{X}|\boldsymbol{Z}_{1:k-1})\delta\boldsymbol{X}} \tag{5.20}$$

其中,$\pi_k(\cdot)$ 表示 $k$ 时刻的多目标状态概率密度;$f_{k|k-1}(\cdot)$ 表示多目标状态转移概

率密度函数，$g_k(\cdot)$表示多目标的似然概率密度函数。多目标贝叶斯滤波器与单目标贝叶斯滤波器相似，主要区别在于多目标贝叶斯滤波器中的积分为集值积分。通常上述方程中的集值积分是无法直接求解的，因而在实际应用中需要寻求次优的方法对随机有限集贝叶斯滤波器近似。

### 5.2.5　概率假设密度滤波器

在基于随机有限集的多目标贝叶斯递推公式中存在集合积分、集合求导以及集合概率密度函数等复杂度较高的运算，Mahlar 为此进一步提出了多目标集合后验概率密度的一阶统计矩近似形式以及相应的概率假设密度滤波（PHD）算法[22]。在概率假设密度滤波算法中，多目标状态及测量值分别使用如下定义的随机有限集表示：

$$\boldsymbol{X}_k \triangleq \{\boldsymbol{x}_{k,1}, \boldsymbol{x}_{k,2}, \cdots, \boldsymbol{x}_{k,n_k}\} \subset \mathcal{X} \tag{5.21}$$
$$\boldsymbol{Z}_k \triangleq \{\boldsymbol{z}_{k,1}, \boldsymbol{z}_{k,2}, \cdots, \boldsymbol{z}_{k,m_k}\} \subset \mathcal{Z}$$

其中，$k$为时间序号，$n_k$和$m_k$分别表示$k$时刻目标数量及测量值个数，$\mathcal{X}$和$\mathcal{Z}$分别表示目标状态随机有限集空间和测量值随机有限集空间。

与传统的贝叶斯滤波器一样，概率假设密度滤波算法也主要包括两个递推步骤，即 PHD 运动预测和 PHD 测量更新。

1.　PHD 运动预测

假设$k-1$时刻的后验 PHD 强度为$v_{k|k-1}(\boldsymbol{x}_{k-1})$，则经过运动预测后的 PHD 强度为

$$v_{k|k-1}(\boldsymbol{x}_k|\boldsymbol{Z}_{1:k}) = \int p_{s,k}p(\boldsymbol{x}_k|\boldsymbol{x}_{k-1})v_{k-1}(\boldsymbol{x}_{k-1}|\boldsymbol{Z}_{1:k-1})\mathrm{d}\boldsymbol{x}_{k-1} + \gamma_k(\boldsymbol{x}_k)$$

$$\tag{5.22}$$

其中，$p_{s,k}$表示目标的生存概率，$\gamma_k(\cdot)$表示新生目标的强度函数，$p(\boldsymbol{x}_k|\boldsymbol{x}_{k-1})$表示单目标的状态转移概率密度函数，$\boldsymbol{Z}_{1:k} = \{\boldsymbol{Z}_1, \boldsymbol{Z}_2, \cdots, \boldsymbol{Z}_k\}$表示当前时刻对应的的历史测量值集合序列。

2.　PHD 测量更新

给定$k$时刻的预测 PHD 强度和测量值集合，则更新后的 PHD 强度为

$$v_k(\boldsymbol{x}_k|\boldsymbol{Z}_{1:k}) = (1 - p_{d,k})v_{k|k-1}(\boldsymbol{x}_k|\boldsymbol{Z}_{1:k})$$
$$+ \sum_{\boldsymbol{z}_k \in \boldsymbol{Z}_k} \frac{p_{d,k}p(\boldsymbol{z}_k|\boldsymbol{x}_k)v_{k|k-1}(\boldsymbol{x}_k|\boldsymbol{Z}_{1:k})}{c_k(\boldsymbol{z}_k) + \int p_{d,k}p(\boldsymbol{z}_k|\xi_{\boldsymbol{x}})v_{k|k-1}(\xi_{\boldsymbol{x}}|\boldsymbol{Z}_{1:k})\mathrm{d}\xi_{\boldsymbol{x}}}$$

$$(5.23)$$

其中，$p_{d,k}$ 表示目标被成功探测的概率；$p(\boldsymbol{z}_k|\boldsymbol{x}_k)$ 表示单目标的似然概率密度函数；$c_k(\cdot)$ 表示杂波干扰对应的强度函数，其大小、分布与测量值相关。

### 5.2.6 多目标滤波估计性能评价指标

在评价单目标滤波算法的性能时，滤波估计的目标状态和真实的目标状态之间的欧式距离或马氏距离能够直观地反映出不同算法性能的优劣。多目标滤波算法评价指标不仅需要考虑目标真实状态集合与估计状态集之间的误差，同时还要考虑真实目标数和估计目标数之间的误差。从本质上而言，多目标滤波算法的评价指标在于如何合理地度量两个随机有限集之间的距离。目前，常用于评价多目标滤波估计算法的指标主要包括最优子模型分配距离、Hausdorff 距离和圆位置误差概率等。

1. 最优子模型分配距离

最优子模型分配距离（optimal subpattern assignment，OSPA）可以用来同时度量两个随机有限集的集合势和集合元素之间的差值。给定随机有限集 $|\boldsymbol{X}| = \{\boldsymbol{x}_1, \boldsymbol{x}_2, \cdots, \boldsymbol{x}_{|\boldsymbol{X}|}\}$ 和 $|\boldsymbol{Y}| = \{\boldsymbol{y}_1, \boldsymbol{y}_2, \cdots, \boldsymbol{y}_{|\boldsymbol{Y}|}\}$，且满足 $|\boldsymbol{X}| < |\boldsymbol{Y}|$，关于它们的 OSPA 误差定义为[23]：

$$\mathrm{d}_p^{(c)}(\boldsymbol{X}, \boldsymbol{Y}) \triangleq \left\{ \frac{1}{|\boldsymbol{Y}|} \left[ \min_{\pi \in \Pi_{|\boldsymbol{Y}|}} \sum_{i=1}^{|\boldsymbol{X}|} \mathrm{d}^{(c)}(\boldsymbol{x}_i, \boldsymbol{y}_{\pi(i)})^p + c^p(|\boldsymbol{Y}| - |\boldsymbol{X}|) \right] \right\}^{\frac{1}{p}} \quad (5.24)$$

其中，$\mathrm{d}^{(c)}(\boldsymbol{x}_i, \boldsymbol{y}_{\pi(i)}) = \min(c, \|\boldsymbol{x}_i, \boldsymbol{y}_{\pi(i)}\|)$，$|\boldsymbol{X}|$ 和 $|\boldsymbol{Y}|$ 分别表示 $\boldsymbol{X}$ 和 $\boldsymbol{Y}$ 中的元素个数，$\Pi_{|\boldsymbol{Y}|}$ 表示元素个数为 $|\boldsymbol{Y}|$ 时所有可能的元素排列组合，截断距离参数 $c(c > 0)$ 表示集合势误差的比重，距离敏感性参数 $p(1 \leqslant p < \infty)$ 表示对干扰点的敏感等级。

OSPA 误差可以进一步分解为状态误差和目标数量误差两部分，分别定义如下：

$$d_{p,c}^{\text{state}}(\boldsymbol{X}, \boldsymbol{Y}) = \left[ \min_{\pi \in \Pi_{|\boldsymbol{Y}|}} \sum_{i=1}^{|\boldsymbol{X}|} d_c(\boldsymbol{x}_i, \boldsymbol{y}_{\pi(i)})^p \right]^{\frac{1}{p}} \tag{5.25}$$

$$d_{p,c}^{\text{card}}(\boldsymbol{X}, \boldsymbol{Y}) = c \left( \frac{|\boldsymbol{Y}| - |\boldsymbol{X}|}{|\boldsymbol{X}|} \right)^{\frac{1}{p}} \tag{5.26}$$

从式（5.26）中可以明显看出，当截断距离参数 $c$ 越大时，目标数目误差则越大，对 OSPA 误差的影响也越突出。

2. Hausdorff 距离

给定两个随机有限集 $|\boldsymbol{X}|$ 和 $|\boldsymbol{Y}|$，Hausdorff 距离可定义如下[24]：

$$d_H(\boldsymbol{X}, \boldsymbol{Y}) = \max \left\{ \max_{\boldsymbol{x} \in \boldsymbol{X}} \min_{\boldsymbol{y} \in \boldsymbol{Y}} d(\boldsymbol{x}, \boldsymbol{y}), \max_{\boldsymbol{y} \in \boldsymbol{Y}} \min_{\boldsymbol{x} \in \boldsymbol{X}} d(\boldsymbol{x}, \boldsymbol{y}) \right\} \tag{5.27}$$

其中，$d(\boldsymbol{x}, \boldsymbol{y}) = \|\boldsymbol{x} - \boldsymbol{y}\|$ 表示两个向量差值的 $L_2$ 范数。

Hausdorff 距离是数学中常用的度量两个集合之间距离的方法，其优点在于能够较好地反映出估计结果的局部性能，但是它不能合理地处理空集集合的情况，并且对目标个数的估计误差也不敏感。

3. 圆位置误差概率

给定两个随机有限集 $|\boldsymbol{X}|$ 和 $|\boldsymbol{Y}|$，圆位置误差概率（circular position error probability，CPEP）[25]定义如下：

$$\text{CPEP}(r) = \frac{1}{|\boldsymbol{X}|} \sum_{\boldsymbol{x} \in \boldsymbol{X}} \text{Prob} \left\{ d(\boldsymbol{HX}, \boldsymbol{HY}) > r, \forall \boldsymbol{y} \in \boldsymbol{Y} \right\} \tag{5.28}$$

其中，$r$ 为圆的半径，$\boldsymbol{HX}$ 和 $\boldsymbol{HY}$ 表示笛卡儿坐标系下的目标状态向量。CPEP 的含义为目标状态估计在以该目标真实位置为中心，以 $r$ 为半径的圆内丢失的概率。CPEP 值越小，意味着目标估计在该范围内丢失的概率越小。

# 5.3 变分贝叶斯估计基本理论

## 5.3.1 概率估计方法分类

在概率学上，对未知的概率密度函数进行估计有两类方法，即参数估计方法和非参数估计方法。非参数估计方法是不假定概率密度函数的数学模型，直接利用已知类别的学习样本先验知识估计数学模型, 并利用随机抽样本身的信息来判断估计量的优劣。常用的非参数估计方法主要有直方图方法、神经网络方法、小波函数法和最近邻函数法等。上述非参数估计方法尽管起源不一样, 数学形式相距甚远, 但都可以视为关于线性组合的某种权函数, 它们存在的共同问题是计算量和存储量都比较大。因而, 当样本数很少时, 如果能够对密度函数有先验认识, 则参数估计方法能取得更好的估计效果。

参数估计方法则是先假定研究问题具有某种数学模型, 如正态分布、二项分布等, 再利用已知类别的学习样本来估计模型中的未知参数值。常用的参数估计方法有极大似然估计、最大后验估计、期望最大化估计和变分贝叶斯估计等。在本书第三章中笔者已经对极大似然估计方法进行了详细介绍, 它是一类采用统计线性回归方式最小化定义在样本空间上的累加和函数从而得到最优解的鲁棒性估计算法。在极大似然估计方法中, 最关键的步骤是构造含有未知参数的似然函数并对其进行迭代优化。然而在很多情况下, 直接对似然函数进行计算或者优化是非常困难甚至是不可能的。极大似然估计方法的有效性建立在大观测数据量的基础之上, 当数据量较少时, 极大似然的估计效果会受较大影响。此外, 极大似然估计忽略了未知参数的先验信息, 将会不可避免地产生过拟合现象。针对极大似然估计方法的缺陷及对应的改进思路, 本节后续将介绍上述提到的另外几种参数估计方法。

### 5.3.2　最大后验估计

最大后验估计 (maximum a posteriori, MAP) 是后验概率分布的众数, 利用它可以获得对实验数据中无法直接观察到的量的点态估计。最大后验估计与最大似然估计中的经典方法有着密切关系, 但是前者在后者基础上进一步扩充了优化的目标函数, 将待估计随机变量的先验分布信息融入其中, 因此最大后验估计可看作正则化的最大似然估计。虽然最大后验估计基于贝叶斯定理发展而来, 并且也使用了先验分布信息, 但是它与通常意义上的贝叶斯方法还是存在本质区别: 最大后验估计属于点估计技术, 而贝叶斯方法的特征在于使用这些分布计算出变量的后验均值及置信区间。

如式（5.29）所示，最大后验估计通过最大化参数的似然函数与先验分布的乘积或者关于观测值与参数的联合概率分布得到其估计值：

$$\hat{\boldsymbol{\theta}}_{\mathrm{MAP}} = \arg\max\left\{p(\boldsymbol{Z}|\boldsymbol{\theta})p(\boldsymbol{\theta})\right\} = \arg\max\left\{p(\boldsymbol{Z},\boldsymbol{\theta})\right\} \tag{5.29}$$

其中，$\boldsymbol{\theta}$ 表示未知参数，$p(\boldsymbol{\theta})$ 和 $p(\boldsymbol{Z}|\boldsymbol{\theta})$ 分别为其先验分布和似然函数。

极大似然估计可以看作不考虑未知参数先验分布情形下的最大后验估计，或者认为是参数的先验分布服从[0:1]区间内的均匀分布时的最大后验估计。与极大似然估计相比，最大后验估计考虑了未知参数的先验信息，有助于减少估计的方差。但是，最大后验估计的计算过程中也同样忽略了边缘似然函数，因而也无法避免估计的过拟合现象。

### 5.3.3 期望最大化估计

期望最大化（expectation maximization，EM）估计算法又称为 Dempster-Laird-Rubin 算法，其标准计算步骤是由亚瑟·登普斯特 Arthur Dempster 等三位数学家在 1977 年发表的研究报告[26]中正式提出的。期望最大化是一类基于极大似然估计理论的迭代优化算法，可用于对包含隐变量或缺失数据的概率模型进行参数估计，同时也是参数点估计方法中的一种常用技术[27]。期望最大化算法的标准计算框架主要是由 E 步骤和 M 步骤两者交替组成，该算法的收敛性可以确保迭代至少能逼近局部极大值[28]。

当关于参数的似然函数无法直接计算时，我们可以额外引入隐变量 $\boldsymbol{Y}$ 来连接观测数据和未知参数。通过建立隐变量、观测数据和未知参数的概率关系，可以用一个概率图模型来表示数据的生成机制。同时含有隐变量 $\boldsymbol{Y}$ 和未知参数 $\boldsymbol{\theta}$ 的贝叶斯定理可以表示如下：

$$p(\boldsymbol{\theta}, \boldsymbol{Y}) = \frac{p(\boldsymbol{Z}, \boldsymbol{Y}|\boldsymbol{\theta})p(\boldsymbol{\theta})}{p(\boldsymbol{Z})} \tag{5.30}$$

通过关于隐变量求积分的形式，可以将似然函数转换成边缘似然函数

$$p(\boldsymbol{Z}|\boldsymbol{\theta}) = \int p(\boldsymbol{Z}, \boldsymbol{Y}|\boldsymbol{\theta})\mathrm{d}\boldsymbol{Y} = \int p(\boldsymbol{Z}|\boldsymbol{Y}, \boldsymbol{\theta})p(\boldsymbol{Y}|\boldsymbol{\theta})\mathrm{d}\boldsymbol{Y} \tag{5.31}$$

其中，$p(\boldsymbol{Y}|\boldsymbol{\theta})$ 为隐变量的先验分布。期望最大化估计通过交替迭代计算的方式

得到隐变量的后验概率以及最优参数：先在给定某个模型参数情况下计算隐变量的后验概率（即 E 步骤），然后在给定隐变量后验概率的前提下重新计算模型参数（即 M 步骤），如此交替迭代直至收敛。

（1）E 步骤（计算数学期望）：

$$q(\boldsymbol{\theta})^{(i)} = \int p(\boldsymbol{Y}|\boldsymbol{Z}, \boldsymbol{\theta}^{(i)}) \log p(\boldsymbol{Z}, \boldsymbol{Y}|\boldsymbol{\theta}) \mathrm{d}\boldsymbol{Y} = E\left[\log p(\boldsymbol{Z}, \boldsymbol{Y}|\boldsymbol{\theta})\right] \quad (5.32)$$

（2）M 步骤（采用极大似然估计）：

$$\boldsymbol{\theta}^{(i+1)} = \arg\max q(\boldsymbol{\theta})^{(i)} \quad (5.33)$$

其中，上标$(i)$表示第$i$次迭代，$E\left[\log p(\boldsymbol{Z}, \boldsymbol{Y}|\boldsymbol{\theta})\right]$表示对数似然函数关于隐变量的期望。除了上述两个主要步骤之外，期望最大化算法的完整流程还包括初始化步骤和收敛性判断步骤。初始化步骤即为算法设定一个初始的参数值$\boldsymbol{\theta}^{(0)}$，收敛性判断步骤则一般根据前后两次迭代得到的参数估计值的差是否小于某一给定阈值。在实际应用时，通常可使用多个随机初始化值进行初始化，然后选择最大似然函数的评估结果作为全局最优解。

期望最大化估计的缺点在于无论 E 步骤选取的是极大似然估计求解还是最大后验估计求解，在 M 步骤中得到的估计都是点估计，并且算法无法对模型进行选择和比较，因而当初始值选择不合理时，仍然无法避免过拟合现象的发生。另外，如果其似然函数存在多个驻点，那么算法最终将收敛于局部最大值而非全局最大值。

### 5.3.4　变分贝叶斯估计

对于实际应用中的许多模型来说，计算隐变量的后验概率分布或者计算关于这个后验概率分布的期望是不可行的。这可能是由于随机变量空间的维度太大，以至于无法直接计算，或者由于后验概率分布的形式特别复杂，从而期望无法解析地计算。在连续变量的情形中，需要求解的积分可能没有解析解，而空间的维度和被积函数的复杂度可能使数值积分变得不可行；对于离散变量而言，求解边缘概率的过程涉及对隐含变量的所有可能的情况进行求和。针对上述问题，一种理论上可行但计算代价高昂的解决方案是利用本书第四章中介绍的 MCMC 随机粒子采样对后验概率分布进行数值近似。此外，拉普拉斯近似法[29]是另一种可用来避免直接计算边缘似然概率数值积分的方案，但是该方法在执行泰勒展开过程中需要计算 Hessian 矩阵的秩，当数据维度比较高时，同样也存在计算量较大的问题。

变分学是数学分析中用于研究泛函的微积分学，其中一个常见的基础问题就是寻求泛函关于某个函数的极值，一般可通过构造函数的导数和积分进行求解。变分贝叶斯估计是一种将贝叶斯统计推断与变分学相结合的方法，它通过迭代方式在给定的变分族函数域中对概率模型隐变量的后验分布进行局部最优估计[30]。更具体地讲，变分贝叶斯估计基于概率论中的平均场理论（mean field theory，MFT）思想，通过将多参数多变量的联合概率密度分布分解为每个参数变量边缘概率密度分布的乘积，随即将多个变量的参数估计转化为对单个变量的边缘概率密度分布的迭代估计，从而大幅降低积分近似计算过程中的复杂度，使得运算速度有很大的提升。

变分贝叶斯估计的目标是极大化对数似然函数，令隐变量 $\boldsymbol{Y}$ 的概率分布满足 $\int q(\boldsymbol{Y}) \mathrm{d}\boldsymbol{Y} = 1$，则对数似然函数计算过程如下：

$$
\begin{aligned}
\log p(\boldsymbol{Y}|\boldsymbol{\theta}) &= \int q(\boldsymbol{Y}) \log p(\boldsymbol{Y}|\boldsymbol{\theta}) \mathrm{d}\boldsymbol{Y} \\
&= E\left[\log \frac{p(\boldsymbol{Y}, \boldsymbol{Z}|\boldsymbol{\theta}) q(\boldsymbol{Y}))}{p(\boldsymbol{Y}|\boldsymbol{Z}, \boldsymbol{\theta}) q(\boldsymbol{Y})}\right] \\
&= E\left[\log p(\boldsymbol{Y}, \boldsymbol{Z}|\boldsymbol{\theta})\right] - E\left[\log q(\boldsymbol{Y})\right] + E\left[\log \frac{q(\boldsymbol{Y})}{p(\boldsymbol{Y}|\boldsymbol{Z}, \boldsymbol{\theta})}\right] \\
&= E\left[\log p(\boldsymbol{Y}, \boldsymbol{Z}|\boldsymbol{\theta})\right] + \mathcal{F}(q(\boldsymbol{Y}) + \mathrm{KL}\left[q(\boldsymbol{Y})\|p(\boldsymbol{Y}|\boldsymbol{Z}, \boldsymbol{\theta})\right]
\end{aligned}
\tag{5.34}
$$

其中，$\mathrm{KL}\left[q(\boldsymbol{Y})\|p(\boldsymbol{Y}|\boldsymbol{Z}, \boldsymbol{\theta})\right]$ 表示 $q(\boldsymbol{Y})$ 和 $p(\boldsymbol{Y}|\boldsymbol{Z}, \boldsymbol{\theta})$ 之间的 Kullback-Leibler 散度（KL 散度），又称为相对熵，可用来衡量两个概率分布之间的差异。根据 KL 散度的非负性，即 $\mathrm{KL}\left[q(\boldsymbol{Y})\|p(\boldsymbol{Y}|\boldsymbol{Z}, \boldsymbol{\theta})\right] \geqslant 0$，上述对数似然函数的证据下界（evidence lower bound，ELBO）或自由能为

$$
\log p(\boldsymbol{Y}|\boldsymbol{\theta}) = E\left[\log p(\boldsymbol{Y}, \boldsymbol{Z}|\boldsymbol{\theta})\right] + X(q(\boldsymbol{Y}))
\tag{5.35}
$$

与期望最大化估计类似，式（5.35）优化目标函数中同时包含了隐变量分布和未知参数两部分，可以使用 VBE 步骤和 VBM 步骤交替优化的方式进行，

形成所谓的变分贝叶斯期望最大化（variational Bayesian EM，VBEM）算法[31]，具体流程如下。

（1）VBE 步骤（在均场分布族中寻找隐变量的变分分布，对隐变量的全后验分布进行近似）：

$$q(\boldsymbol{\theta})^{(i+1)} = \min_{q \in \mathcal{Q}} \mathrm{KL}\Big[q(\boldsymbol{Y})||p(\boldsymbol{Y}|\boldsymbol{Z}, \boldsymbol{\theta}^{(i)})\Big] \tag{5.36}$$

其中，$\mathcal{Q}$ 表示均场分布族。

假设隐变量维度为 $d$，隐变量各维度之间满足互相独立性，从而优化问题可近似为求解一系列一维概率分布乘积的 KL 散度：

$$\min_{q_k \in \mathcal{Q}} \mathrm{KL}\Big[q(\boldsymbol{Y}_k)||p(\boldsymbol{Y}_k|\boldsymbol{Z}, \boldsymbol{\theta}^{(i)})\Big], k \in \{1, 2, \cdots, d\} \tag{5.37}$$

其中，$k$ 表示隐变量的维度序号。

（2）VBM 步骤（固定隐变量概率分布，对参数进行更新）：

$$\boldsymbol{\theta}^{(i+1)} = \arg\max E_{p(\boldsymbol{Y}|\boldsymbol{Z}, \boldsymbol{\theta}^{(i)})}\Big[\log p(\boldsymbol{Y}, \boldsymbol{Z}|\boldsymbol{\theta}^{(i+1)})\Big] \tag{5.38}$$

变分贝叶斯估计通过一组相互依存的等式进行不断迭代来求得最优解，因而可以看作是期望最大化估计在贝叶斯方法上的扩展，而基于最大后验估计的最大期望算法则是变分贝叶斯估计的特例之一[32]。上述两种估计算法的相同点是寻求关于隐变量和参数交替的最大化对数似然函数的下界。不同之处在于，期望最大化算法是基于极大似然估计或者最大后验概率准则来计算各参数的最有可能的点估计；而变分贝叶斯估计算法是基于完全贝叶斯估计来近似计算参数和隐变量的整个后验概率。变分贝叶斯估计的用途主要体现在以下两方面：一方面，提供了不可观测变量后验概率的解析近似解，得到模型的未知参数；另一方面，获得关于观测数据的边缘似然函数的下界，用于评估贝叶斯模型选择的合理性。

### 5.3.5　含未知测量噪声方差的系统模型

本章中采用的机器人的非线性高斯运动模型与本书 2.2 节中完全一致，即

$$x_k = f(x_{k-1}, u_k) + v_k, \quad v_k \overset{\text{i.i.d.}}{\sim} \mathcal{N}(0, Q_k) \tag{5.39}$$

其中，$x_k$表示机器人在$k$时刻的位姿状态；$u_k$表示控制输入；$f(\cdot)$为非线性状态转移函数；$v_k$表示$k$时刻的运动噪声，其服从协方差矩阵为$Q_k$的零均值高斯分布，并且$Q_k$已知。

机器人的非线性高斯测量模型如下所示：

$$z_k = h(x_k, l_k) + w_k, \quad w_k \overset{\text{i.i.d.}}{\sim} \mathcal{N}(0, R_k) \tag{5.40}$$

其中，$l_k$表示环境中的路标特征；$h(\cdot)$为非线性特征测量函数；$w_k$表示$k$时刻的零均值高斯测量噪声，其协方差表示为如下对角矩阵形式：

$$R_k = \text{diag}(\delta_{k,1}^2, \delta_{k,2}^2, \cdots, \delta_{k,d}^2) \tag{5.41}$$

其中，$\delta_{k,l}^2$为$d$个互相独立的未知方差参数。

在贝叶斯统计学中，对于未知方差的多维高斯分布，逆伽马分布是其共轭分布[33]，概率密度函数可表示如下：

$$\mathcal{IG}(x; \alpha, \beta) = \frac{\beta^\alpha}{\Gamma(\alpha)} x^{-\alpha-1} \exp(-\frac{\beta}{x}) \tag{5.42}$$

其中，参数$\alpha$决定分布的形状，参数$\beta$为尺度因子，$\Gamma(\cdot)$表示伽马函数。

### 5.3.6 改进的高斯混合概率假设密度滤波器

在给出同时估计测量噪声方差的概率假设密度 SLAM 算法之前，本节将基于变分贝叶斯近似方法对传统的 GM-PHD 滤波器进行扩展。为了同时对多目标状态及未知测量噪声参数进行估计，需要对标准的概率假设密度滤波方程进行扩展。令$k-1$时刻多目标状态及未知测量噪声参数的联合后验强度函数为$v_{k-1}(x_{k-1}, R_{k-1}|Z_{1:k-1})$，其概率假设密度联合滤波递推过程可以表示为如下两个式子：

$$\begin{aligned}
v_{k|k-1}(x_k, R_k|Z_{1:k-1}) = &\int p_{s,k} p(x_k|x_{k-1}) p(R_k|R_{k-1}) \\
&\times v_{k-1}(x_{k-1}, R_{k-1}|Z_{1:k-1}) \mathrm{d}x_{k-1} \mathrm{d}R_{k-1} \\
&+ \gamma_k(x_k, R_k)
\end{aligned} \tag{5.43}$$

$$v_k(\boldsymbol{x}_k, \boldsymbol{R}_k | \boldsymbol{Z}_{1:k}) = (1 - p_{d,k}) v_{k|k-1}(\boldsymbol{x}_k, \boldsymbol{R}_k | \boldsymbol{Z}_{1:k-1})$$

$$+ \sum_{\boldsymbol{z}_k \in \boldsymbol{Z}_k} \frac{p_{d,k} p(\boldsymbol{z}_k | \boldsymbol{x}_k, \boldsymbol{R}_k) v_{k|k-1}(\boldsymbol{x}_k, \boldsymbol{R}_k | \boldsymbol{Z}_{1:k-1})}{c_k(\boldsymbol{z}_k) + \int p_{d,k} p(\boldsymbol{z}_k | \xi_{\boldsymbol{x}}, \xi_{\boldsymbol{R}}) v_{k|k-1}(\xi_{\boldsymbol{x}}, \xi_{\boldsymbol{R}} | \boldsymbol{Z}_{1:k-1}) \mathrm{d}\xi_{\boldsymbol{x}} \mathrm{d}\xi_{\boldsymbol{R}}} \quad (5.44)$$

值得注意的是，上述过程中我们假设测量噪声方差的演化模型 $p(\boldsymbol{R}_k | \boldsymbol{R}_{k-1})$ 与目标的状态转移模型 $p(\boldsymbol{x}_k | \boldsymbol{x}_{k-1})$ 之间互相独立，即

$$p(\boldsymbol{x}_k, \boldsymbol{R}_k | \boldsymbol{x}_{k-1}, \boldsymbol{R}_{k-1}) = p(\boldsymbol{x}_k | \boldsymbol{x}_{k-1}) p(\boldsymbol{R}_k | \boldsymbol{R}_{k-1}) \quad (5.45)$$

在式（5.43）和式（5.44）中，测量似然函数 $p(\boldsymbol{z}_k | \boldsymbol{x}_k, \boldsymbol{R}_k)$ 中目标状态与未知测量噪声方差参数互相耦合，因而无法直接利用概率假设密度滤波算法求得其解析解。

在状态预测阶段，假设 $k - 1$ 时刻目标状态的后验概率服从高斯分布，可以将目标状态和测量噪声参数的联合后验概率表示为逆伽马分布和高斯分布的乘积：

$$p(\boldsymbol{x}_k, \boldsymbol{\theta}_k | \boldsymbol{z}_{1:k-1}) = \mathcal{N}(\boldsymbol{x}_{k|k-1}; \boldsymbol{m}_{k|k-1}, \boldsymbol{P}_{k|k-1})$$
$$\times \prod_{l=1}^{d} \mathcal{IG}(\delta_{k-1}^2; \alpha_{k-1,l}, \beta_{k-1,l}) \quad (5.46)$$

为了使 $k$ 时刻目标状态和测量噪声的联合预测概率分布与其上一时刻的后验概率分布保持同样的形式，文献[13]给出了测量噪声参数的探索式进化模型：

$$\alpha_{k|k-1,l} = \rho \alpha_{k-1,l}$$
$$\beta_{k|k-1,l} = \rho \beta_{k-1,l} \quad (5.47)$$

其中，$\rho \in (0, 1]$ 为遗忘因子。对于式（5.46）中的高斯分布项的均值和协方差，利用标准的高斯滤波器对其进行预测：

$$\boldsymbol{m}_{k|k-1} = \int f(\boldsymbol{x}_{k-1}) \mathcal{N}(\boldsymbol{x}_{k-1}; \boldsymbol{m}_{k-1}, \boldsymbol{P}_{k-1}) \mathrm{d}\boldsymbol{x}_{k-1}$$
$$\boldsymbol{P}_{k|k-1} = \int (f(\boldsymbol{x}_{k-1}) - \boldsymbol{m}_{k-1})(f(\boldsymbol{x}_{k-1}) - \boldsymbol{m}_{k-1})^{\mathrm{T}} \quad (5.48)$$
$$\times \mathcal{N}(\boldsymbol{x}_{k-1}; \boldsymbol{m}_{k-1}, \boldsymbol{P}_{k-1}) \mathrm{d}\boldsymbol{x}_{k-1} + \boldsymbol{Q}_k$$

在状态更新阶段，由于测量似然函数中目标状态与测量噪声参数之间互相耦合，根据式（5.44）和式（5.46）无法直接推断联合后验概率分布的解析

解。为了解析计算$k$时刻目标状态和测量噪声的联合后验概率分布，采用变分贝叶斯近似方法对其进行解耦近似：

$$
\begin{aligned}
p(\boldsymbol{x}_k, \boldsymbol{R}_k | \boldsymbol{z}_{1:k}) &\approx Q_x(\boldsymbol{x}_k) Q_R(\boldsymbol{R}_k) \\
&= \mathcal{N}(\boldsymbol{x}_k; \boldsymbol{m}_k, \boldsymbol{P}_k) \prod_{i=1}^{d} \mathcal{IG}(\delta_k^2; \alpha_k, \beta_k)
\end{aligned}
\tag{5.49}
$$

其中，$Q_x(\boldsymbol{x}_k)$和$Q_R(\boldsymbol{R}_k)$分别表示目标状态的近似概率分布和测量噪声方差参数的近似概率分布。在变分贝叶斯近似方法中，对$Q_x(\boldsymbol{x}_k)$和$Q_R(\boldsymbol{R}_k)$的求解一般是通过最小化其与真实分布之间的 KL 散度进行的。关于$Q_x(\boldsymbol{x}_k)$和$Q_R(\boldsymbol{R}_k)$的 KL 散度定义如下：

$$
\begin{aligned}
&\mathrm{KL}\Big\{ Q_x(\boldsymbol{x}_k) Q_R(\boldsymbol{R}_k) || p(\boldsymbol{x}_k, \boldsymbol{R}_k | \boldsymbol{z}_{1:k}) \Big\} \\
&= \int Q_x(\boldsymbol{x}_k) Q_R(\boldsymbol{R}_k) \log \frac{Q_x(\boldsymbol{x}_k) Q_R(\boldsymbol{R}_k)}{p(\boldsymbol{x}_k, \boldsymbol{R}_k | \boldsymbol{z}_{1:k})} \mathrm{d}\boldsymbol{x}_k \mathrm{d}\boldsymbol{R}_k
\end{aligned}
\tag{5.50}
$$

采用分步迭代优化的方式对式（5.50）进行求解，即计算目标状态近似分布$Q_x(\boldsymbol{x}_k)$时将测量噪声参数$\boldsymbol{R}_k$的值固定，计算测量噪声参数近似分布$Q_R(\boldsymbol{R}_k)$时将目标状态$\boldsymbol{x}_k$的值固定。文献[13]推导了逆伽马分布的模型参数的更新方程：

$$
\begin{aligned}
\alpha_{k,l} &= \alpha_{k|k-1,l} + \frac{1}{2} \\
\beta_{k,l} &= \beta_{k|k-1,l} + \frac{1}{2}[(\boldsymbol{z}_k - \boldsymbol{H}_k \boldsymbol{m}_k)_i^2, (\boldsymbol{H}_k \boldsymbol{P}_k \boldsymbol{H}_k^{\mathrm{T}})_{ll}]
\end{aligned}
\tag{5.51}
$$

其中，$(\cdot)_l$表示取向量的第$l$个元素，$(\cdot)_{ll}$表示取方阵对角线上的第$l$个元素。测量噪声协方差的估计值可表示为：

$$
\hat{\boldsymbol{R}}_k = \mathrm{diag}(\frac{\beta_{k,1}}{\alpha_{k,1}}, \frac{\beta_{k,2}}{\alpha_{k,2}}, \cdots, \frac{\beta_{k,d}}{\alpha_{k,d}})
\tag{5.52}
$$

将式（5.52）代入标准的贝叶斯滤波算法，目标状态后验分布的均值和协方差矩阵可计算为：

$$
\begin{aligned}
\boldsymbol{m}_k &= \boldsymbol{m}_{k|k-1} + \boldsymbol{P}_{k|k-1} \boldsymbol{H}_k^{\mathrm{T}} (\boldsymbol{H}_k \boldsymbol{P}_{k|k-1} \boldsymbol{H}_k^{\mathrm{T}} + \hat{\boldsymbol{R}}_k)^{-1} (\boldsymbol{z}_k - \boldsymbol{H}_k \boldsymbol{m}_{k|k-1}) \\
\boldsymbol{P}_k &= \boldsymbol{P}_{k|k-1} - \boldsymbol{P}_{k|k-1} \boldsymbol{H}_k (\boldsymbol{H}_k \boldsymbol{P}_{k|k-1} \boldsymbol{H}_k + \hat{\boldsymbol{R}}_k)^{-1} \boldsymbol{H}_k \boldsymbol{P}_{k|k-1}
\end{aligned}
$$

$$
\tag{5.53}
$$

## 5.4 基于变分贝叶斯估计的概率假设密度 SLAM 算法

本节结合 Rao-Blackwellized 粒子滤波器和 5.3 节中给出的 GM-PHD 滤波器算法，对同时估计未知测量噪声方差参数的概率假设密度 SLAM 算法进行推导。首先利用粒子滤波器对机器人位姿轨迹进行采样，然后针对每一个机器人位姿估计样本，采用逆伽马分布和高斯分布的混合概率假设密度滤波器同时估计测量噪声协方差和地图特征的位置状态，最后通过更新粒子权值系数计算机器人位姿状态的后验估计值。算法具体步骤包括特征地图及测量噪声参数预测、特征地图及测量噪声参数更新、特征地图提取和机器人位姿状态估计。

### 5.4.1 特征地图及测量噪声参数预测

在 $k-1$ 时刻，机器人位姿状态和特征地图强度函数可以用如下 $N$ 个粒子组成的集合进行表示：

$$\left\{\eta_{k-1}^{(i)}, \boldsymbol{x}_{k-1}^{(i)}, \upsilon_{k-1}^{(i)}(\boldsymbol{l}|\boldsymbol{X}_{k-1}^{(i)})\right\}_{i=1}^{N} \tag{5.54}$$

其中，$\eta_{k-1}^{(i)}$ 表示第 $i$ 个粒子对应的权值；$\boldsymbol{X}_{k-1}^{(i)} = [\boldsymbol{x}_0, \boldsymbol{x}_1^{(i)}, \cdots, \boldsymbol{x}_{k-1}^{(i)}]$ 表示机器人的第 $i$ 个假设位姿轨迹；$\upsilon_{k-1}^{(i)}(\boldsymbol{l}|\boldsymbol{x}_{0:k-1}^{(i)})$ 表示特征地图关于机器人第 $i$ 个假设位姿状态的条件强度函数，用以描述特征的分布情况。

假设在 $k-1$ 时刻机器人第 $i$ 个假设位姿状态 $\boldsymbol{x}_{k-1}^{(i)}$ 已知，其对应的特征地图和未知测量噪声的联合强度函数可以表示为一系列逆伽马分布和高斯分布的乘积形式：

$$\begin{aligned}
\upsilon_{k-1}^{(i)}(\boldsymbol{l}, \boldsymbol{R}|\boldsymbol{X}_{k-1}^{(i)}) = \sum_{j=1}^{J_{k-1}^{(i)}} \Big[ & w_{k-1}^{(i,j)} \mathcal{N}(\boldsymbol{l}; \boldsymbol{m}_{k-1}^{(i,j)}, \boldsymbol{P}_{k-1}^{(i,j)}) \\
& \times \prod_{l=1}^{d} \mathcal{IG}(\delta_{k-1}^2; \alpha_{k-1,l}^{(i,j)}, \beta_{k-1,l}^{(i,j)}) \Big]
\end{aligned} \tag{5.55}$$

其中，$J_{k-1}^{(i)}$ 为概率假设密度函数中混合项的个数；$w_{k-1}^{(i,j)}$ 为混合项的权重系数；

$m_{k-1}^{(i,j)}$和$P_{k-1}^{(i,j)}$为第$i$个粒子的第$j$个混合项高斯分布项对应的均值和协方差矩阵；$\alpha_{k-1,l}^{(i,j)}$和$\beta_{k-1,l}^{(i,j)}$为第$i$个粒子的第$j$个混合项逆伽马分布项对应的参数。高斯分布项部分对应特征地图的后验概率分布，逆伽马分布项部分对应测量噪声协方差的后验概率分布。

同样，假设$k$时刻进入外部传感器视场的新路标特征和测量噪声的联合强度值表示为$J_{b,k}^{(i)}$个权值为$w_{b,k}^{(i)}$的逆伽马分布和高斯分布的乘积加权累加形式：

$$
\begin{aligned}
\gamma_k^{(i)}(\boldsymbol{l}, \boldsymbol{R}) &= \sum_{j=1}^{J_{b,k}^{(i)}} \Big[ w_{b,k}^{(i,j)} \mathcal{N}(\boldsymbol{l}; \boldsymbol{m}_{b,k}^{(i,j)}, \boldsymbol{P}_{b,k}^{(i,j)}) \\
&\quad \times \prod_{l=1}^{d} \mathcal{NIW}(\delta_{b,k}^2; \alpha_{b,k,l}^{(i,j)}, \beta_{b,k,l}^{(i,j)}) \Big]
\end{aligned}
\tag{5.56}
$$

其中，$m_{b,k}^{(i,j)}$和$P_{b,k}^{(i,j)}$为关于新特征概率假设密度函数中第$i$个粒子的第$j$个混合项高斯分布项对应的均值和协方差矩阵；$\alpha_{b,k,l}^{(i,j)}$和$\beta_{b,k,l}^{(i,j)}$为关于测量噪声协方差的第$i$个粒子的第$j$个混合项逆伽马分布项对应的参数。

假设环境地图保持静态不变，根据概率假设密度滤波器的预测方程，特征地图和测量噪声的联合强度预测值可以计算为：

$$
v_{k|k-1}^{(i)} = v_{s,k|k-1}(\boldsymbol{l}, \boldsymbol{R} | \boldsymbol{X}_{k-1}^{(i)}) + \gamma_k^{(i)}(\boldsymbol{l}, \boldsymbol{R})
\tag{5.57}
$$

其中，$v_{s,k|k-1}(\boldsymbol{l}, \boldsymbol{R} | \boldsymbol{X}_{k-1}^{(i)})$表示原有特征地图和测量噪声协方差的联合强度值的预测估计：

$$
\begin{aligned}
v_{s,k|k-1}^{(i)}(\boldsymbol{l}, \boldsymbol{R} | \boldsymbol{X}_k^{(i)}) &= \sum_{j=1}^{J_{k-1}^{(i)}} \Big[ w_{k-1}^{(i,j)} \mathcal{N}(\boldsymbol{l}; \boldsymbol{m}_{s,k|k-1}^{(i,j)}, \boldsymbol{P}_{s,k|k-1}^{(i,j)}) \\
&\quad \times \prod_{l=1}^{d} \mathcal{IG}(\delta_{k|k-1}^2; \alpha_{k|k-1,l}^{(i,j)}, \beta_{k|k-1,l}^{(i,j)}) \Big]
\end{aligned}
\tag{5.58}
$$

式（5.58）中逆伽马分布的参数根据式（5.47）可计算为：

$$
\begin{aligned}
\alpha_{k|k-1,l}^{(i,j)} &= \rho \alpha_{k-1,l}^{(i,j)} \\
\beta_{k|k-1,l}^{(i,j)} &= \rho \beta_{k-1,l}^{(i,j)}
\end{aligned}
\tag{5.59}
$$

在静态环境的假设条件下，地图特征的高斯分布参数可以直接得到：

$$m_{s,k|k-1}^{(i,j)} = m_{k-1}^{(i,j)}, \quad P_{s,k|k-1}^{(i,j)} = P_{k-1}^{(i,j)} \tag{5.60}$$

由此，式（5.62）可以整理成如下紧凑形式：

$$
\begin{aligned}
v_{k|k-1}^{(i)}(l, R | X_k^{(i)}) = \sum_{j=1}^{J_{k|k-1}^{(i)}} &\Big[ w_{k|k-1}^{(i,j)} \mathcal{N}(l; m_{k|k-1}^{(i,j)}, P_{k|k-1}^{(i,j)}) \\
&\times \prod_{l=1}^{d} \mathcal{IG}(\delta_{k|k-1}^2; \alpha_{k|k-1,l}^{(i,j)}, \beta_{k|k-1,l}^{(i,j)}) \Big]
\end{aligned}
\tag{5.61}
$$

其中，$J_{k|k-1}^{(i)} = J_{k-1}^{(i)} + J_{b,k}^{(i)}$ 表示预测强度函数中混合项的个数。

## 5.4.2　特征地图及测量噪声参数更新

根据概率假设密度滤波器的更新方程，特征地图和测量噪声协方差的联合强度后验估计根据下式进行计算：

$$v_k^{(i)}(l, R | X_k^{(i)}) = v_{k|k-1}(l, R | x_k^{(i)})(1 - p_{d,k}) + \sum_{z \in Z_k} v_{d,k}^{(i)}(z, l, R) \tag{5.62}$$

其中，被成功探测到的路标特征对应的概率假设密度强度值为：

$$
\begin{aligned}
v_{d,k}^{(i,j)}(l, R | X_k^{(i)}) = \sum_{j=1}^{J_{k|k-1}^{(i)}} &\Big[ w_k^{(i,j)}(z | x_k^{(i)}) \mathcal{N}(l; m_k^{(i,j)}, P_k^{(i,j)}) \\
&\times \prod_{l=1}^{d} \mathcal{IG}(\delta_k^2; \alpha_{k,l}^{(i,j)}, \beta_{k,l}^{(i,j)}) \Big]
\end{aligned}
\tag{5.63}
$$

利用文献[34]中给出的固定点迭代方法计算式（5.63）中的模型参数，设定迭代的初始值为：

$$
\begin{aligned}
&m_k^{(i,j),[0]}(z_k) = m_{k|k-1}^{(i,j)}, P_k^{(i,j),[0]} = P_{k|k-1}^{(i,j)} \\
&\alpha_{k,l}^{(i,j),[0]} = \alpha_{k|k-1,l}^{(i,j)} + \frac{1}{2}, \beta_{k,l}^{(i,j),[0]} = \beta_{k|k-1,l}^{(i,j)}
\end{aligned}
\tag{5.64}
$$

其中，上标[n]表示第 $n$ 次迭代，其最大值可设置为$N_{\max}$。在第 $n+1$ 次迭代中，测量噪声的后验协方差计算如下：

$$\hat{R}_k^{(i,j),[n+1]} = \mathrm{diag}\left\{\frac{\beta_{k,1}^{(i,j),[n+1]}}{\alpha_{k,1}^{(i,j),[n+1]}}, \frac{\beta_{k,2}^{(i,j),[n+1]}}{\alpha_{k,2}^{(i,j),[n+1]}}, \cdots, \frac{\beta_{k,d}^{(i,j),[n+1]}}{\alpha_{k,d}^{(i,j),[n+1]}}\right\} \tag{5.65}$$

结合标准高斯滤波器的更新算法，高斯分布的模型参数计算如下：

$$
\begin{aligned}
m_k^{(i,j),[n+1]} &= m_{k|k-1}^{(i,j)} + K_k^{(i,j),[n+1]}\left[z_k - H_k m_{k|k-1}^{(i,j)}\right] \\
P_k^{(i,j),[n+1]} &= \left[I - K_k^{(i,j),[n+1]} H_k\right] P_{k|k-1}^{(i,j)}
\end{aligned}
\tag{5.66}
$$

其中，预测测量协方差矩阵和卡尔曼增益为：

$$
\begin{aligned}
S_k^{(i,j),[n+1]} &= H_k P_{k|k-1}^{(i,j)} H_k^T + \hat{R}_k^{(i,j),[n+1]} \\
K_k^{(i,j),[n+1]} &= P_{k|k-1}^{(i,j)} H_k^T \left[S_k^{(i,j),[n+1]}\right]^{-1}
\end{aligned}
\tag{5.67}
$$

同时，逆伽马分布的模型参数根据下式进行更新：

$$
\begin{aligned}
\alpha_{k,l}^{(i,j),[n+1]} &= \alpha_{k|k-1,l}^{(i,j)} + \frac{1}{2} \\
\beta_{k,l}^{(i,j),[n+1]} &= \beta_{k|k-1,l}^{(i,j)} + \frac{1}{2}\Big[(z_k - H_k m_k^{(i,j),[n+1]})_l^2 \\
&\quad + (H_k P_k^{(i,j),[n+1]} H_k^T)_{ll}\Big]
\end{aligned}
\tag{5.68}
$$

假设当 $n = N$ 迭代时算法收敛，式（5.63）中的权值系数计算如下：

$$w_k^{(i,j)}(z) = \frac{p_{d,k} w_{k|k-1}^{(i,j)} \mathcal{N}\Big(z; \hat{z}_k^{(i,j)} + r_k^{(i,j)}, S_k^{(i,j),[N]}\Big)}{c_k(z) + p_{d,k}\sum_{l=1}^{J_{k|k-1}} w_{k|k-1}^{(i,l)} \mathcal{N}\Big(z; \hat{z}_k^{(i,l)} + r_k^{(i,j)}, S_k^{(i,l),[N]}\Big)} \tag{5.69}$$

其中，$c_k(z) = \lambda_c \mathcal{U}(z)$ 表示 $k$ 时刻的杂波干扰强度函数，其大小由平均杂波测量值个数 $\lambda_c$ 和均一分布函数 $\mathcal{U}(z)$ 确定。

### 5.4.3 特征地图提取

混合项的个数将随着时间的推移而不断增加，为了保证算法合理的计算量，需要在每次概率假设密度滤波更新后对混合项进行删减与合并操作。具体做法是将对应权值系数小于截断阈值 $T_{\mathrm{th}}$ 的项舍弃，同时将与最大权值对应的混合项之间的马氏距离小于合并阈值 $U_{\mathrm{th}}$ 的项进行合并。本章采用的删减与合并算法根据文献[35]扩展得到，其伪代码如算法 5.1 所示。

在概率假设密度 SLAM 算法中，特征地图的估计包括路标特征的位置估计以及路标特征数目的估计。在经过混合项删减与合并操作后，从中选取权重系数大于给定阈值 $W_{\mathrm{th}}$ 的混合项对应的高斯分布均值作为特征的位置状态，并且将所有符合该条件的混合项的个数作为当前估计地图中包含特征的个数。

---

**算法 5.1:　混合项的删减与合并算法**

**输入**: 处理前混合项 $\left\{w_k^{(i,j)}, \boldsymbol{m}_k^{(i,j)}, \boldsymbol{P}_k^{(i,j)}, \alpha_{k,l}^{(i,j)}, \beta_{k,l}^{(i,j)}\right\}_{j=1}^{J_k}$，删减阈值 $T_{\mathrm{th}}$，合并阈值 $U_{\mathrm{th}}$，
以及最大混合项个数上限 $J_{\max}$

**输出**: 处理后混合项 $\left\{\tilde{w}_k^{(i,j)}, \tilde{\boldsymbol{m}}_k^{(i,j)}, \tilde{\boldsymbol{P}}_k^{(i,j)}, \tilde{\alpha}_{k,l}^{(i,j)}, \tilde{\beta}_{k,l}^{(i,j)}\right\}_{j=1}^{J_k}$

$I = \{j = 1, 2, \cdots, J_k | w_k^{(i,j)} > T_{\mathrm{th}}\}$

令 $n = 0$

**repeat**

$\quad n = n + 1$

$\quad b = \arg\max\limits_{j \in I} w_k^{(i,j)}$

$\quad L = \left\{j \in I | (\boldsymbol{m}_k^{(i,b)} - \boldsymbol{m}_k^{(i,j)})^{\mathrm{T}} (\boldsymbol{P}_k^{(i,j)})^{(-1)} (\boldsymbol{m}_k^{(i,b)} - \boldsymbol{m}_k^{(i,j)}) \leqslant U_{\mathrm{th}}\right\}$

$\quad \tilde{w}_k^{(i,n)} = \sum\limits_{j \in L} w_k^{(i,j)}$

$\quad \tilde{w}_k^{(i,n)} = \sum\limits_{j \in L} w_k^{(i,j)}$

$\quad \tilde{\boldsymbol{m}}_k^{(i,n)} = \dfrac{1}{\tilde{w}_k^{(i,n)}} \sum\limits_{j \in L} w_k^{(i,j)} \boldsymbol{m}_k^{(i,j)}$

$\quad \tilde{\boldsymbol{P}}_k^{(i,n)} = \dfrac{1}{\tilde{w}_k^{(i,n)}} \sum\limits_{j \in L} w_k^{(i,j)} \left[\boldsymbol{P}_k^{(i,j)} + (\tilde{\boldsymbol{m}}_k^{(i,n)} - \boldsymbol{m}_k^{(i,j)})(\tilde{\boldsymbol{m}}_k^{(i,n)} - \boldsymbol{m}_k^{(i,j)})^{\mathrm{T}}\right]$

$\quad \tilde{\alpha}_{k,l}^{(i,n)} = \dfrac{1}{\tilde{w}_k^{(i,n)}} \sum\limits_{j \in L} w_k^{(i,j)} \alpha_{k,l}^{(i,j)}$

$\quad \tilde{\beta}_{k,l}^{(i,n)} = \dfrac{1}{\tilde{w}_k^{(i,n)}} \sum\limits_{j \in L} w_k^{(i,j)} \beta_{k,l}^{(i,j)}$

$\quad I = I \backslash L$

**until** $I = \emptyset$

当 $l > J_{\max}$ 时，选取 $\left\{\tilde{w}_k^{(i,j)}, \tilde{\boldsymbol{m}}_k^{(i,j)}, \tilde{\boldsymbol{P}}_k^{(i,j)}, \tilde{\alpha}_{k,l}^{(i,j)}, \tilde{\beta}_{k,l}^{(i,j)}\right\}_{j=1}^{l}$ 中权值系数最大的 $J_{\max}$ 个项

---

### 5.4.4　机器人位姿状态估计

与 FastSLAM 算法类似，机器人位姿状态的后验概率密度由加权粒子集

$\{\tilde{\eta}_k^{(i)}, \boldsymbol{x}_k^{(i)}\}_{i=1}^N$ 确定，当前时刻的粒子权重可以表示为关于条件测量似然函数的递推形式：

$$\tilde{\eta}_k^{(i)} = g_k\big(\boldsymbol{Z}_k|\boldsymbol{Z}_{0:k-1}, \boldsymbol{x}_{0:k}^{(i)}\big)\tilde{\eta}_{k-1}^{(i)} \tag{5.70}$$

为了求解闭环形式的条件测量似然函数 $g_z(\cdot)$，可选择特殊的特征地图随机有限集进行近似计算，常用的方法包括空集特征地图近似和单特征地图近似[20]。在空集特征地图策略下，测量似然函数可以近似如下：

$$g_k\big(\boldsymbol{Z}_k|\boldsymbol{Z}_{0:k-1}, \boldsymbol{x}_{0:k}\big) \approx \varphi_k^{Z_k} \exp\Big[\hat{\mathfrak{l}}_k - \hat{\mathfrak{l}}_{k|k-1} - \int c_k(\boldsymbol{z}|\boldsymbol{x}_k)\mathrm{d}\boldsymbol{z}\Big] \tag{5.71}$$

其中，$\varphi_k^{Z_k} = \Pi_{\boldsymbol{z}\in\boldsymbol{Z}_k}c_k(\boldsymbol{z}|\boldsymbol{x}_k)$，$\hat{\mathfrak{l}}_k = \int v_{k|k-1}(\boldsymbol{l}|\boldsymbol{x}_{0:k})\mathrm{d}\boldsymbol{l}$ 和 $\hat{\mathfrak{l}}_k = \int v_k(\boldsymbol{l}|\boldsymbol{x}_{0:k})\mathrm{d}\boldsymbol{l}$ 分别表示预测特征地图和更新特征地图特征数目的估计值。

在单特征特征地图策略下，$k$ 时刻的特征地图随机有限集表示为 $\mathcal{L}_k = \{\bar{\boldsymbol{l}}\}$，测量似然函数的计算公式为：

$$
\begin{aligned}
g_k\big(\boldsymbol{Z}_k|\boldsymbol{Z}_{0:k-1}, \boldsymbol{x}_{0:k}\big) \approx \frac{1}{\mathrm{T}}\bigg\{ &\Big[\big(1 - p_{d,k}(\bar{\boldsymbol{l}}|\boldsymbol{x}_k)\big)\varphi_k^{Z_k} \\
&+ p_{d,k}(\bar{\boldsymbol{l}}|\boldsymbol{x}_k)\sum_{\boldsymbol{z}\in\boldsymbol{Z}}\varphi_k^{Z_k-\{z\}}g_k(\boldsymbol{z}|\bar{\boldsymbol{l}}, \boldsymbol{x}_k)\Big]v_{k|k-1}(\bar{\boldsymbol{l}}|\boldsymbol{x}_{0:k})\bigg\}
\end{aligned}
\tag{5.72}
$$

其中，特征 $\bar{\boldsymbol{l}}$ 可根据最小不确定度或者最大似然原则确定，

$$\mathrm{T} = \exp\Big[\hat{\mathfrak{l}}_{k|k-1} - \hat{\mathfrak{l}}_k + \int c_k(\boldsymbol{z}\mathrm{d}\boldsymbol{z})\Big]v_k(\bar{\boldsymbol{l}}|\boldsymbol{x}_{0:k}) \tag{5.73}$$

执行粒子重要性重采样操作后得到最终的加权粒子集 $\{\eta_k^{(i)}, \boldsymbol{x}_{0:k}^{(i)}\}$，$k$ 时刻的机器人位姿状态估计通过计算粒子加权平均和即可得到：

$$\hat{\boldsymbol{x}}_k = \overline{\eta}\sum_{i=1}^N \eta_k^{(i)}\boldsymbol{x}_{0:k}^{(i)} \tag{5.74}$$

其中，$\overline{\eta} = \sum\limits_{i=1}^N \eta_k^{(i)}$ 为归一化常量因子。

## 5.5 数值仿真实验与结果分析

### 5.5.1 仿真环境

本章实验部分使用开源的概率假设密度 SLAM 仿真工具[36]对算法性能进行了验证。为了对比分析本章所提算法的优势，同时实现了以下三种算法：测量噪声方差大于真实值的 LVPHDF-SLAM、测量噪声方差小于真实值的 SVPHDF-SLAM 以及本章所提的 VBPHDF-SLAM。所有算法均在 Linux Mint 17.2 Cinnamon 系统（安装的 boost 库版本号为 1.58.0，Eigen 版本号为 3.2.5）上运行，用于仿真的计算机硬件配置：处理器为 2.9 GHz Intel（R）Core i7-3520M CPU，内存为 4.0 GB DDR3 RAM。

如图 5.1 所示，仿真使用的环境大小为 100 m×100 m，共包含了 50 个路标特征，实线表示机器人的预设轨迹，星号（*）表示路标特征的空间位置，虚线表示根据里程计记录数据推测的轨迹。机器人从原点出发对进入传感器量程范围的路标进行观测，航迹推测轨迹与真实轨迹之间的偏差随时间不断增加。

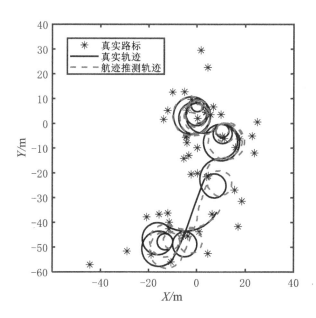

图 5.1　数值仿真环境

仿真平台采用的传感器观测模型与第 3 章、第 4 章一致，本章采用的机器人运动模型如图 5.2 所示，其运动方程如下：

$$\begin{bmatrix} x_k \\ y_k \\ \phi_k \end{bmatrix} = \begin{bmatrix} x_{k-1} \\ y_{k-1} \\ \phi_{k-1} \end{bmatrix} + \begin{bmatrix} \cos(\phi_{k-1} + \frac{u_{\phi,k}}{2}) & -\sin(\phi_{k-1} + \frac{u_{\phi,k}}{2}) & 0 \\ \sin(\phi_{k-1} + \frac{u_{\phi,k}}{2}) & \cos(\phi_{k-1} + \frac{u_{\phi,k}}{2}) & 0 \\ 0 & 0 & 1 \end{bmatrix} \begin{bmatrix} u_{x,k} \\ u_{y,k} \\ u_{\phi,k} \end{bmatrix}$$

$$(5.75)$$

其中，$k$ 时刻机器人的位姿状态由空间坐标 $(x_k, y_k)$ 和方向角 $\phi_k$ 组成，控制输入 $\boldsymbol{u}_k = [u_{x,k}, u_{y,k}, u_{\phi,k}]$ 可通过读取里程计的数值而获得。

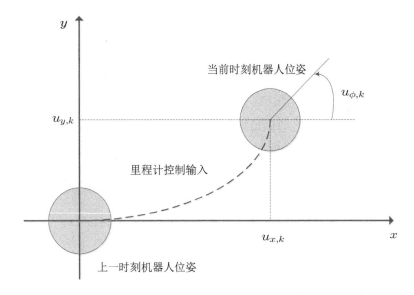

图 5.2　基于里程计的机器人二维运动模型

在实验中，对不同算法分别进行了 30 次蒙特卡罗试验，主要参数设置如下：里程计控制输入的噪声方差 $\delta_x$ 为 0.03m，$\delta_y$ 为 0.03m 和 $\delta_\phi$ 为 0.03 rad；传感器测量噪声方差为 $\delta_r$ 为 0.05m，$\delta_\phi$ 为 3°；在 5~25m 距离内所有方向上的路标特征被机器人成功探测到的概率为 0.99，由杂波干扰引入的虚假测量值个数服从泊松分布，其概率假设密度强度值为 0.01 每平方米。实验中假设测量噪声的距离方差未知，VBPHDF-SLAM 算法中初始测量噪声距离方差设为 0.8 m，LVPHDF-SLAM 算法和 SVPHDF-SLAM 算法中的测量噪声距离方差分别设置为 0.25 m 和 0.01 m。其他相关参数取值如表 5.1 所示。

表 5.1 蒙特卡罗试验参数取值

| 参数名 | 参数取值 | 参数描述 |
|---|---|---|
| $K$ | 3000 | 仿真时间步数 |
| $\Delta T$ | 0.1 s | 里程计控制信号采样间隔 |
| $u_{x,\ min}$ | 1 m | $x$ 方向上每秒最小距离偏移 |
| $u_{x,\ max}$ | 3 m | $x$ 方向上每秒最大距离偏移 |
| $u_{\phi,\ max}$ | 90° | $\phi$ 方向上每秒最大角度偏移 |
| $T_{th}$ | 0.01 | 混合项的删减阈值 |
| $U_{th}$ | 3 | 混合项的合并阈值 |
| $W_{th}$ | 0.75 | 权值阈值 |
| $N_p$ | 200 | 采样粒子个数 |
| $N_{max}$ | 10 | 固定点法最大迭代次数 |
| $\rho$ | 0.96 | 逆伽马分布参数遗忘因子 |

## 5.5.2 仿真结果

图 5.3~图 5.5 分别展示了在上述同样的实验参数配置下，VBPHDF-SLAM 算法、LVPHDF-SLAM 算法和 SVPHDF-SLAM 算法对应的某次典型试验结果。对于地图特征估计的不确定度椭圆而言，其面积越大，表示该地图特征位置的估计不确定度越大；其颜色越深，表示地图特征在该区域存在的可能性越大。从图 5.3~图 5.5 可以看出，本章所提 VBPHDF-SLAM 算法对地图特征位置的估计不确定度最小，并且其估计的机器人运动轨迹与机器人实际运行轨迹的重合度最高。而 LVPHDF-SLAM 算法和 SVPHDF-SLAM 算法中由于均采用了与真实值偏差较大的测量噪声距离方差，因此机器人轨迹和路标位置的估计均出现了较大的误差。如图 5.6 所示为 VBPHDF-SLAM 算法对测量噪声距离方差的估计过程，可以看出对 $\delta_r$ 的估计从偏差较大的初始值经过约 30s 收敛到了真实值。

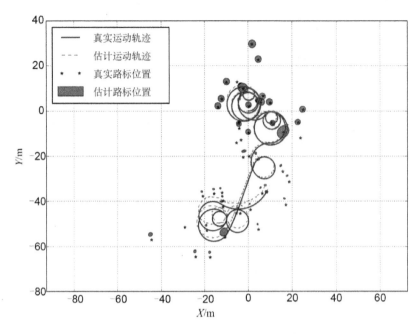

图 5.3　VBPHDF-SLAM 算法估计结果

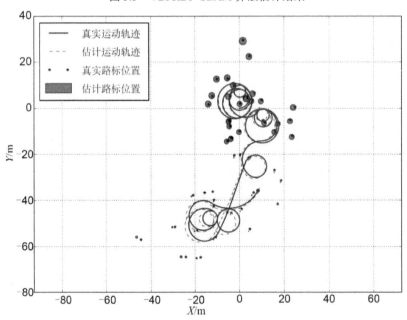

图 5.4　LVPHDF-SLAM 算法估计结果

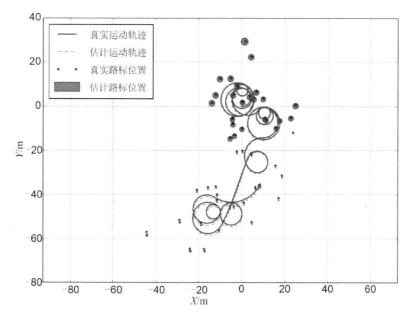

图 5.5 SVPHDF-SLAM 算法估计结果

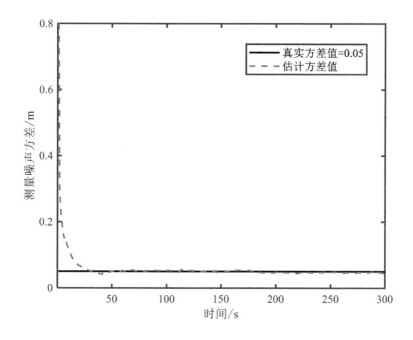

图 5.6 VBPHDF-SLAM 中测量噪声距离方差估计

与第 3 章、第 4 章的实验部分一样，本章中机器人的定位误差仍采用机器人位置和方向角 RMSE 作为定量评价指标。图 5.7~图 5.8 分别展示了不同算法关于机器人位置和方向角 RMSE 估计误差的对比结果。从图 5.7~图 5.8 可以看出，VBPHDF-SLAM 算法对应的机器人定位误差明显低于其他算法。

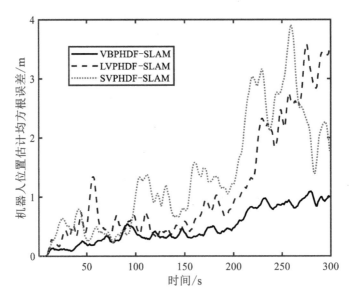

图 5.7　不同算法关于机器人位置 RMSE 误差结果比较

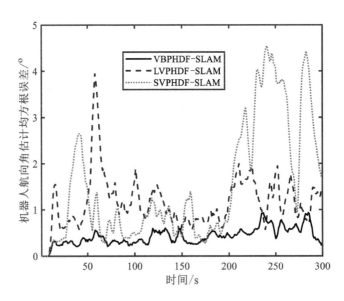

图 5.8　不同算法关于机器人航向角 RMSE 误差结果比较

为了定量地分析不同概率假设密度 SLAM 算法关于地图特征的估计性能，分别从地图特征估计误差和估计地图特征数目两个方面进行考查。其中，对地图特征估计误差采用 OSPA 指标进行评估。图 5.9 展示了当干扰参数 $c$ 为 200 且 $p$ 为 1 时，不同算法关于地图特征 OSPA 估计误差对比。从图中可以看出，本章算法对应的 OSPA 误差要比另外两种算法小很多，同时 LVPHDF-SLAM 算法的地图估计精度稍优于 SVPHDF-SLAM 算法。这是由于当测量噪声方差大于真实值时，某些由杂波引入的测量值将被误当作地图特征；而当测量噪声方差小于真实值时，部分实际的地图特征被错误地丢弃。

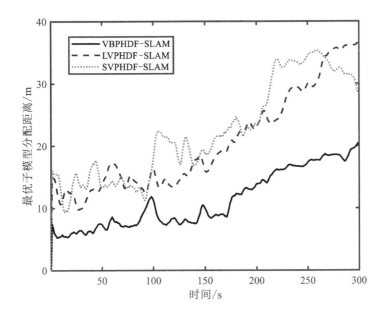

图 5.9　不同算法关于地图特征 OSPA 误差结果比较

图 5.10 展示了不同算法在各时间步骤中，地图特征估计数目与实际数目的对比结果。通过对比可知，应用本章算法获得的地图特征估计数目要更接近于实际数目。

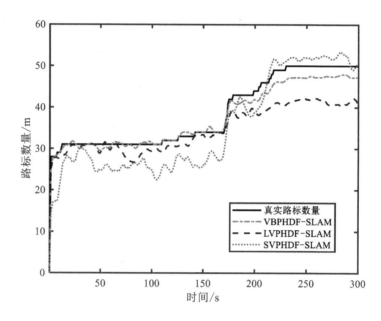

图 5.10　不同算法关于地图特征数目估计结果比较

# 参考文献

[1] Mullane J, Vo B N, Adams M D, et al. A random-finite-set approach to Bayesian SLAM[J]. IEEE Transactions on Robotics, 2011, 27(2): 268-282.

[2] Mullane J, Vo B N, Adams M D, et al. A Random Set Formulation for Bayesian SLAM[C]. Nice, France: IEEE/RSJ International Conference on Intelligent Robots and Systems, 2008: 1043-1049.

[3] Mullane J, Vo B N, Adams M D. Rao-Blackwellised PHD SLAM[C]. Anchorage, AK, United States: IEEE International Conference on Robotics and Automation, 2010: 5410-5416.

[4] Rao A, Wang H, Hu Z C, et al. A Gaussian Particle Filter based Factorised Solution to the Simultaneous Localization and Mapping Problem[C]. Tokyo, Japan: IEEE Workshop on Advanced Robotics and its Social Impacts, 2013: 113-

118.

[5] Leung K Y K, Inostroza F, Adams M. Multifeature-based importance weighting for the PHD SLAM filter[J]. IEEE Transactions on Aerospace and Electronic Systems, 2016, 52(6): 2697-2714.

[6] Adams M, Vo B N, Mahler R, et al. SLAM gets a PHD: new concepts in map estimation[J]. IEEE Robotics & Automation Magazine, 2014, 21(2): 26-37.

[7] Zajic T, Ravichandran R B, Mahler R P S, et al. Joint Tracking and Identification with Robustness Against Unmodeled Targets[C]. Orlando, FL, United States: The International Society for Optical Engineering: Signal Processing, Sensor Fusion, and Target Recognition XII, 2003, 279-290.

[8] Sidenbladh H. Multi-target Particle Filtering for the Probability Hypothesis Density[C]. Cairns, QLD, Australia: International Conference on Information Fusion, 2003.

[9] Vo B N, Singh S, Doucet A. Sequential Monte Carlo Implementation of the PHD Filter for Multi-target Tracking[C]. Cairns, QLD, Australia: International Conference on Information Fusion, 2003: 792-799.

[10] Vo B N, Ma W K. The Gaussian mixture probability hypothesis density filter[J]. IEEE Transactions on Signal Processing, 2006, 54(11): 4091-4104.

[11] Li X R, Bar-Shalom Y. A recursive multiple model approach to noise identification[J]. IEEE Transactions on Aerospace and Electronic Systems, 1994, 30(3): 671-684.

[12] Li W, Jia Y. Nonlinear Gaussian mixture PHD filter with an H$\infty$ criterion[J]. IEEE Transactions on Aerospace and Electronic Systems, 2016, 52(4): 2004-2016.

[13] Sarkka S, Nummenmaa A. Recursive noise adaptive Kalman filtering by variational Bayesian approximations[J]. IEEE Transactions on Automatic Control, 2009, 54(3): 596-600.

[14] Smidl V Á, Quinn A. Variational bayesian filtering[J]. IEEE Transactions on

Signal Processing, 2008, 56(10): 5020-5030.

[15] Li W, Jia Y, Du J, et al. PHD Filter for Multi-Target Tracking by Variational Bayesian Approximation[C]. Florence, Italy: IEEE Conference on Decision and Control, 2013: 7815-7820.

[16] Wu X, Huang G M, Gao J. Adaptive noise variance identification for probability hypothesis density-based multi-target filter by variational Bayesian approximations[J]. IET Radar, Sonar & Navigation, 2013, 7(8): 895-903.

[17] Ardeshiri T, Özkan E. An adaptive PHD filter for tracking with unknown sensor characteristics[C]. Istanbul, Turkey: International Conference of Information Fusion, 2013: 1736-1743.

[18] Xu W. Adaptive probability hypothesis density filter for multi-target tracking with unknown measurement noise statistics[J]. Measurement and Control, 2021, 54(3-4): 279-291.

[19] Nguyen H T. An Introduction to Random Sets[M]. Boca Raton, FL, United States: CRC press, 2006.

[20] Vo B N, Singh S, Doucet A. Sequential Monte Carlo methods for multitarget filtering with random finite sets[J]. IEEE Transactions on Aerospace and Electronic Systems, 2005, 41(4): 1224-1245.

[21] Mahler R P S. Statistical Multisource-Multitarget Information Fusion[M]. Norwood, MA, United States: Artech House, 2007.

[22] Mahler R P S. Multitarget Bayes filtering via first-order multitarget moments[J]. IEEE Transactions on Aerospace and Electronic Systems, 2003, 39(4): 1152-1178.

[23] Schuhmacher D, Vo B T, Vo B N. A consistent metric for performance evaluation of multi-object filters[J]. IEEE Transactions on Signal Processing, 2008, 56(8): 3447-3457.

[24] Schuhmacher D, Vo B T, Vo B N. A consistent metric for performance evaluation of multi-object filters[J]. IEEE Transactions on Signal Processing,

2008, 56(8): 3447-3457.

[25] Ruan Y, Willett P. The turbo PMHT[J]. IEEE Transactions on Aerospace and Electronic Systems, 2004, 40(4): 1388-1398.

[26] Dempster A P, Laird N M, Rubin D B. Maximum likelihood from incomplete data via the EM algorithm[J]. Journal of the Royal Statistical Society: Series B (Methodological), 1977, 39(1): 1-22.

[27] McLachlan G J, Krishnan T. The EM Algorithm and Extensions[M]. New York, United States: John Wiley & Sons, 2007.

[28] Wu C F J. On the convergence properties of the EM algorithm[J]. The Annals of Statistics, 1983: 95-103.

[29] Friston K, Mattout J, Trujillo-Barreto N, et al. Variational free energy and the Laplace approximation[J]. Neuroimage, 2007, 34(1): 220-234.

[30] Fox C W, Roberts S J. A tutorial on variational Bayesian inference[J]. Artificial Intelligence Review, 2012, 38: 85-95.

[31] Beal M J. Variational algorithms for approximate Bayesian inference[M]. London, UK: University of London, 2003.

[32] Neal R M, Hinton G E. A view of the EM algorithm that justifies incremental, sparse, and other variants[J]. Learning in Graphical Models, 1998: 355-368.

[33] Gelman A, Carlin J B, Stern H S, et al. Bayesian Data Analysis[M]. Boca Raton, FL, United States: CRC Press, 2013.

[34] Sato M A. Online model selection based on the variational Bayes[J]. Neural Computation, 2001, 13(7): 1649-1681.

[35] Granstrom K, Orguner U. A PHD filter for tracking multiple extended targets using random matrices[J]. IEEE Transactions on Signal Processing, 2012, 60(11): 5657-5671.

[36] Leung K Y K, Inostroza F, Adams M. Evaluating Set Measurement Likelihoods in Random-Finite-Set SLAM[C]. Salamanca, Spain: The 17th International Conference on Information Fusion, 2014: 1-8.

# 第6章 总结与展望

## 6.1 总 结

随着人工智能技术的不断发展，移动机器人在制造工业、国防军事、航天航空、卫生医疗、家庭服务等领域中得到了广泛的应用。移动机器人的同时定位与地图创建是目前机器人学的热点研究课题之一，它是移动机器人实现真正意义上的自主化和智能化的关键前提。由于移动机器人的实际作业环境中存在各种不确定因素，其测量系统噪声往往具有非高斯重尾分布或者参数先验信息未知等特性。在这些复杂未知环境下，传统的基于贝叶斯滤波估计技术的SLAM算法性能受到了严重影响，其定位精度、地图准确性和计算效率无法满足实际应用的需求。为了提高传统算法在复杂未知环境下的估计性能，本书分别对基于高斯滤波器、粒子滤波器和概率假设密度滤波器的SLAM算法进行了改进研究。首先，研究了高斯滤波SLAM算法在测量系统的噪声为非高斯重尾分布时的问题；其次，研究了FastSLAM算法中改善采样粒子的质量和数量问题；最后，研究了概率假设密度SLAM算法在环境中同时存在杂波干扰和未知测量噪声方差时的问题。本书的主要研究成果和创新点可以进一步总结如下。

（1）针对高斯滤波SLAM算法在非高斯测量噪声条件下出现估计性能下降的问题，提出了一种基于统计线性回归鲁棒优化的高斯滤波SLAM算法。其主要创新点在于：一方面，采用平方根容积卡尔曼滤波器对增广后的状态向量及误差协方差进行预测估计，从而提高机器人联合状态估计的数值稳定性和精度；另一方面，在状态向量的测量更新阶段，利用广义极大似然估计法对状态测量更新方程进行改造，从而提高了算法对测量值干扰点的抑制能力。

（2）针对 FastSLAM 算法中基于扩展卡尔曼滤波器对粒子提议分布的估计受累积线性误差影响，以及采用固定数量的粒子集进行状态估计存在计算资源利用效率低的现象，提出了一种基于改进粒子提议分布估计和自适应粒子重采样的 UFastSLAM 算法。其主要创新点在于：一方面，采用平方根转换无迹卡尔曼滤波器对最优粒子提议分布进行近似，增强了算法的数值稳定性和精度，从而提高了采样粒子的质量；另一方面，在粒子重采样过程中，根据机器人位姿状态后验分布与其粒子近似分布之间的 KL 散度动态确定最少所需粒子个数，从而提高了算法的计算效率。

（3）针对同时存在杂波干扰和未知测量噪声方差条件下机器人同时定位与地图创建问题，提出了一种基于变分贝叶斯近似的概率假设密度 SLAM 算法，其主要创新点在于：在对机器人位姿状态、特征地图大小及路标特征位置状态进行估计的同时，采用逆伽马分布对未知高斯测量噪声的方差进行建模，利用变分贝叶斯近似方法对测量噪声的方差进行实时估计和修正。该算法在进行机器人位姿和路标特征位置状态估计的同时，可以有效估计出高斯测量噪声的方差，从而增强算法的实用性。

本书提出的三种改进的 SLAM 算法之间的关联性可以总结如下：三种算法均以 SLAM 概率模型和非线性贝叶斯滤波框架为基础，实现了移动机器人增量式地图创建及自身姿态的在线估计。在实际应用中，需要根据具体的环境条件选择最适合的改进算法：改进的高斯滤波 SLAM 算法适用于测量噪声为非高斯分布，并且机器人联合状态可近似为单峰分布的情况；改进的 FastSLAM 算法适用于机器人位姿状态近似为多峰分布，并且在机器人运动轨迹中存在大量真实闭环的情况；改进的概率假设滤波 SLAM 算法适用于环境中存在杂波干扰及测量值噪声统计特性未知的情况。

# 6.2 展　望

本书针对基于贝叶斯滤波估计的移动机器人同时定位与地图创建算法进行了探讨和研究，并取得了一定的研究成果，但是仍需要在以下几个方面做进一步的研究。

（1）动态特征的处理。本书提出的 SLAM 算法均以静态的环境作为假设前提，而在机器人实际工作的环境中经常存在诸如行人、移动物体等空间位置随时间动态变化的特征，并且这些动态特征往往能提供非常有用的环境变化信息。因此，研究如何正确识别环境中的静态特征和动态特征，并通过挖掘动态特征的运动信息提高机器人定位和地图特征位置估计的精度是下一步的研究重点。

（2）语义环境地图的创建。本书提出的 SLAM 算法最终得到的环境地图由一系列二维空间坐标点组成。该种类型的地图主要用于机器人的定位、避障和路径规划等初级智能应用，也就是对应于回答机器人导航时需要解决的三个基本问题。而对于一些高级智能应用，需要进一步回答如"我周围有什么物体？""我能用它做什么？"等问题，这就要求机器人能够创建带有物体语义标签的环境地图，从而为实现复杂的人机交互提供支持。因此，研究如何创建带有丰富语义信息的三维环境地图，也是一个重要的研究方向。

（3）实际机器人实验平台的算法验证。目前对本书所提 SLAM 算法的性能验证主要借助于数值仿真环境和公开标准数据集，而这些验证环境相对较为理想化，与实际机器人实验平台相比，还存在一定的差异性。数值仿真中建立的模型参数无法与实际机器人实验平台的模型参数完全一致，比如建立实际模型时需要考虑轮式机器人在转弯过程中出现轮胎侧滑、噪声参数在整个实验过程中动态变化等问题。另外，在实际机器人实验平台中对算法进行有效性验证和量化指标度量时，对各种传感器数据的采集和后处理方法对最终实验结果也有很大的影响。因此，为实现算法的实际工程应用目的，尚需将本书算法在实际机器人实验平台和实际复杂环境下做进一步的检验。

# 附 录 缩写术语对照表

| | | |
|---|---|---|
| ACO | 蚁群优化 | Ant Colony Optimization |
| APF | 辅助粒子滤波器 | Auxiliary Particle Filter |
| AUV | 自主水下航行器 | Autonomous Underwater Vehicle |
| BMF | 信度质量函数 | Belief Mass Funciton |
| BPNN | 前馈神经网络 | Back-Propagation Neural Network |
| CDKF | 中心差分卡尔曼滤波器 | Central Difference Kalman Filter |
| CEM | 分类期望最大化 | Classification Expectation-Maximization |
| CKF | 容积卡尔曼滤波器 | Cubature Kalman Filter |
| CLT | 中心极限定理 | Central Limit Theorem |
| CNN | 卷积神经网络 | Convolutional Neural Network |
| CPEP | 圆位置误差概率 | Circular Position Error Probability |
| CPHD | 势概率假设密度 | Cardinalized Probability Hypothesis Density |
| DBN | 动态贝叶斯网络 | Dynamic Bayesian Network |
| DE | 差分进化 | Differential Evolution |
| EIF | 扩展信息滤波器 | Extended Information Filter |
| EKF | 扩展卡尔曼滤波器 | Extended Kalman Filter |
| ELBO | 对数证据下界 | Evidence Lower Bound |
| EM | 期望最大化 | Expectation Maximization |
| FA | 萤火虫算法 | Firefly Algorithm |
| FISST | 有限集统计学 | Finite Set Statistics |
| FOV | 传感器视场 | Field of View |
| GA | 基因遗传算法 | Genetic Algorithm |
| GM | 高斯混合 | Gaussian Mixture |
| GF | 高斯滤波器 | Gaussian Filter |

| GMRF | 高斯马尔可夫随机场 | Gaussian Markov Random Fields |
|---|---|---|
| GPS | 全球定位系统 | Global Positioning System |
| GVG | 通用冯洛诺伊图 | Generalized Voronoi Graph |
| GWO | 灰狼优化 | Grey Wolf Optimization |
| HF | 直方图滤波器 | Histogram Filter |
| ICNN | 单一兼容最近邻 | Individual Compatibility Nearest Neighbour |
| ICP | 迭代最近点 | Iterative Closest Point |
| IMM | 交互式多模型 | Interacting Multiple Model |
| IS | 重要性采样 | Importance Sampling |
| iSAM | 增量式平滑与地图创建 | Incremental Smoothing and Mapping |
| JCBB | 联合兼容分支界定 | Joint Compatibility Branch and Bound |
| JIPDA | 联合集成概率数据关联 | Joint Integrated Probabilistic Data Association |
| KF | 卡尔曼滤波器 | Kalman Filter |
| KLD | KL 散度 | Kullback-Leibler Distance |
| MAE | 平均绝对误差 | Mean Absolute Error |
| MAP | 最大后验概率 | Maximum A Posterior |
| MCL | 蒙特卡罗定位 | Monte Carlo Localization |
| MCMC | 马尔可夫链蒙特卡罗 | Markov Chain Monte Carlo |
| MFT | 平均场理论 | Mean Field Theory |
| MHT | 多假设跟踪 | Multiple Hypothesis Tracking |
| MKF | 混合卡尔曼滤波器 | Mixture Kalman Filter |
| MLE | 最大似然估计 | Maximum Likelihood Estimation |
| MLR | 多层次松弛 | Multi-level Relaxation |
| MMSE | 最小均方误差 | Minimum Mean Square Error |
| MTT | 多目标跟踪 | Multi-target Tracking |
| MVE | 最小方差估计 | Minimum Variance Estimation |

| | | |
|---|---|---|
| NIW | 正态-逆威沙特分布 | Normal-Inverse-Wishart |
| NN | 最近邻算法 | Nearest Neighbor |
| OSPA | 最优子模型分配距离 | Optimal Subpattern Assignment |
| PCA | 主成分分析 | Principal Component Analysis |
| PDA | 概率数据关联 | Probabilistic Data Association |
| PF | 粒子滤波器 | Particle Filter |
| PGFL | 概率生成泛函 | Probability Generating Functionals |
| PHD | 概率假设密度 | Probability Hypothesis Density |
| PSO | 粒子群优化 | Particle Swarm Optimization |
| QKF | 求积分卡尔曼滤波器 | Quadrature Kalman Filter |
| RFS | 随机有限集 | Random Finite Set |
| RANSAC | 随机抽样一致性 | Random Sample Consensus |
| RMSE | 均方根误差 | Root Mean Square Error |
| RPF | 正则粒子滤波器 | Regularized Particle Filter |
| SAM | 平滑与地图创建 | Smoothing and Mapping |
| SEIF | 稀疏扩展信息滤波器 | Sparse Extended Information Filter |
| SGD | 随机梯度下降法 | Stochastic Gradient Descent |
| SIFT | 尺度不变特征变换 | Scale-Invariant Feature Transform |
| SIR | 序贯重要性重采样 | Sequential Importance Resampling |
| SIS | 序贯重要性采样 | Sequential Importance Sampling |
| SLAM | 同时定位与地图创建 | Simultaneous Localization and Mapping |
| SMCM | 序贯蒙特卡罗方法 | Sequential Monte Carlo Method |
| SSD | 单次拍摄多边界框检测 | Single Shot Multibox Detector |
| SVM | 支持向量机 | Support Vector Machine |
| TJTF | 稀疏联合树 | Thin Junction Tree Filter |
| TUKF | 转换无迹卡尔曼滤波器 | Transformed Unscented Kalman Filter |
| UAV | 无人驾驶飞行器 | Unmanned Aerial Vehicle |
| UKF | 无迹卡尔曼滤波器 | Unscented Kalman Filter |

| | | |
|---|---|---|
| VAN | 视觉增强导航 | Visually Augmented Navigation |
| VBI | 变分贝叶斯推断 | Variational Bayesian Inference |
| VBEM | 变分贝叶斯期望最大化 | Variational Bayesian EM |
| WSLR | 加权统计线性回归 | Weighted Statistical Linear Regression |